千寻

总 策 划　孙莉莉
选题策划　姚湘竹
项目编辑　云海燕
译文审订　耿　丹
责任印制　盛　杰
装帧设计　萝　卜
内文设计　邓国宇

You Can't Say You Can't Play

孩子国的新约

不可以说：『你不能玩！』

〔美〕薇薇安·嘉辛·佩利／著
游淑芬／译

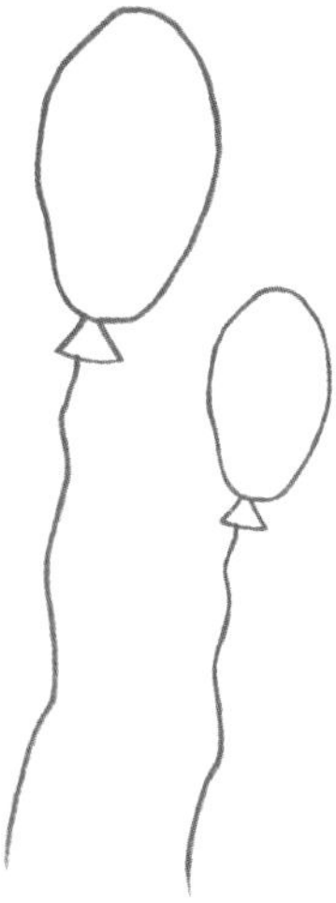

云南出版集团
晨光出版社

Preface
总序

我们大家的佩利

林文宝

台东大学荣誉教授，台东大学儿童文学研究所创所所长

薇薇安·嘉辛·佩利（Vivian Gussin Paley）是目前美国学前界的大师级人物。她于1987年获埃里克森机构颁发的儿童服务奖，1989年获麦克阿瑟奖，1998年获前哥伦布基金会（Before Columbus Foundation）颁发的终生成就奖，1999年作品《手拿褐色蜡笔的女孩》（*The girl with the brown crayon*）获全国英语教师委员会（National Council of Teachers of English）授予的大卫·罗素（David H. Russell）英语杰出教学奖，2000年获约翰·杜威协会颁发的社会杰出成就奖。

佩利最早在新奥尔良教幼儿园，后来返回芝加哥，任教于芝加哥大学附属幼儿园，1997年退休。在佩利共计37年的教学生涯中，有24年是在芝加哥大学附属幼儿园服务。

退休后，佩利开始到欧洲、亚洲各地旅行，亲身与第一线学前教师对话，希望老师多给孩子说故事，还给孩子游戏的空间。她认为说故事是创意的来源；她也强调专注力与想象力的重要性。2002年12月，她为制定早期儿童学习计划的美国教育部工作人员进行了一场演讲。她认为过去有些立法者已经对游戏与戏剧失去信心，觉

得那是浪费时间，所以提倡孩子从小就要学习知识。但是，人类就像其他哺乳动物一样，幼儿期都有许多游戏，他们在游戏中学习，这是他们的本能。她告诉立法者，别因为大家都忽略，就以为游戏与戏剧是浪费孩子的时间，其实，孩子是在游戏当中学习到人生各阶段都需要的思考、语言及想象力的。

因此，佩利在新奥尔良教书期间，即开始思考如何在幼儿园中运用可行的游戏扮演的方式与孩子互动，促进孩子的智力发展。

她在整个教学生涯里，对幼儿进行了深入观察与深刻反思，为了收集数据，她运用录音的方式，将教室中师生的对话记录下来，以便事后听取及分析这些对话之间的关系。这种方式有助于她思考幼儿之间独特的沟通模式，而这段时间累积的许多的观察经验，也为佩利日后的写作奠定了基础。她的每一本书都包含了一个探讨的主题，而书写的方式，往往是从一个小故事或是小事件出发，进行对话、讨论与分享，而非量化的说明与论述。

总之，她在幼儿园中提倡“游戏本位教学法”，认为游戏才是孩子最重要的功课。

至于将佩利著作引进台湾者，首推光佑文化事业股份有限公司，该公司于 1984 年即有黄又青译《男孩与女孩：娃娃家的超级英雄》，但其间用心用力最深者，则不得不提到杨茂秀这个人。

在台湾，杨茂秀几乎与儿童哲学画上等号。他在 1975 年 7 月的《鹅湖月刊》上发表了一篇《儿童哲学》，也因此走上了儿童哲学的“不归路”，并于 1990 年成立财团法人毛毛虫儿童哲学基金会。哲学始于惊奇，而孩童正处于好奇心与惊异之心最活泼的时期，应该是哲学播种的最好时机。这个基金会创立的目的，在于推广对儿童哲学的研究、教学与出版，它与美国儿童哲学促进中心（IAPC）有充分合作。基金会亦曾主办过世界性的儿童哲学会议，培训过上千位故事妈妈及儿童哲学教师，出版毛毛虫月刊及相关书籍，创办了毛毛虫学苑，培养图画作家、哲学教师，目前仍在发展中。

或许佩利的教育理念与基金会契合，于是杨茂秀致力于推广与翻译佩利的作品，并且在杨茂秀的推动下，佩利的作品也渐渐广为学前教育界所接受。而2002年底，杨茂秀更是邀请佩利来台湾作教学讲座与故事说演，且在佩利来台之前编印了《认识佩利》（2002年11月）一书，销售盛况空前。

个人在大陆的许多讲座中，时常介绍佩利的作品。几年前，有孙莉莉造访台东书楼，见书楼中有佩利译著，除惊奇不已，更如获珍宝，慎重地选择几本带回北京，并将佩利的作品推荐给禹晨，而禹晨亦将佩利系列作品当作重点项目，几经周折亦已取得其中十本的授权。

而今主编问序于我，因缘与巧合我似乎不宜推辞。虽然，最合适写序的应该是杨茂秀，但十本译文中已有杨茂秀四本译文与多篇的序文，作为同学、朋友与同事的我，偶尔僭越来做二手推介，谁说不宜？我的推介词：

佩利，是我们大家的佩利！

想明白其中的道理，

就买她的书读读！

Preface
推荐序

听，喜鹊在讲故事

孙莉莉
南京师范大学教科院儿童图画书研究中心

2012 年盛夏，我在台湾台东大学儿文所林文宝教授的书库里，认识了佩利老师。《手拿褐色蜡笔的女孩》《直升机男孩》《孩子国的新约》《坏人没有生日》……在艳阳高照、风景如画的太平洋之滨，我却躲在书库里挥汗如雨地读着佩利老师的故事，一本又一本。

是什么深深地吸引了我？作为一名从业近 20 年的幼教工作者和一个孩子的母亲，是什么让我深陷于佩利老师的世界无法自拔？佩利笔下的孩子和我那么遥远却又那么亲近，那么模糊却又那么清晰。我走进的不是一个标准化的可测量的具有阶段性发展规律的儿童世界，而是一个柔软的多样性的有着无数细小冲突而又总是可以自我调整的更加鲜活的儿童世界。在佩利的笔下，我看到了丰满多样、面貌各异、思想活跃、有笑声也有泪痕的孩子。他们和佩利老师一起读故事，讲故事，在幻想和现实之间展现自己的思想，让年轻的生命闪闪发亮。

是的，是佩利老师让我再一次看见了儿童，看见了儿童更加深邃的内在世界；同时，佩利老师也让我再次认识了教师这个职业。

小时候，我心目中的教师是“传道、授业、解惑”的大人；接受了多年师范教育之后，我心目中的老师是支持儿童发展的“脚手架”；在佩利老师的教室里，我发现，教师可以是一个安静的倾听者，忠实的记录者，是和儿童一起成长的伙伴。这时我才发现，无论是大写的“师者”，还是甘心奉献的“脚手架”，在我的理解中，教师其实都是一个凝固的、静止不动的已完成的个体，我并没有意识到教师（或者家长）也是在生长中的、需要成长的人，一个成长的人意味着永远保持好奇的勇气和倾听的能力。

佩利老师是一位耐心而敏锐的倾听者，她有独特的认识和研究儿童的方式，她总是把孩子们说的话用录音机录下来，回到家里反复倾听和记录，从孩子们的话语中探寻意义。同时，佩利还在倾听自己内心的声音，她反复地询问着自己，寻找着个体的意义，体会着自己的情绪，试图超越感觉的限制，颠覆日常性的思维方式。

在佩利老师眼中，倾听意味着开放和接纳，意味着充满好奇和对不确定性的认可。佩利老师的倾听建立了她和学生们之间的关系，而她对自己内心的倾听，也成为她的生活方式和思维方式。

在《孩子国的新约——不可以说：“你不能玩！”》里，两个故事并行前进着。第一个故事发生在佩利老师的班级里，它始于一次倾听。佩利老师听到了拒绝人的孩子说“你不可以玩”，也听到了被拒绝者的失落。于是她开始带着这个问题和各个年龄段的孩子展开讨论，倾听他们的看法。可不可以说“你不能玩”，可不可以设立规定不允许人说“你不能玩”。谁有权利拒绝别人，谁又有权利限制别人的拒绝？不同年龄的孩子关注的问题可能是不同的，有的时候是情绪和感受，有的时候是公平和制度。每个人都体会过被拒绝的沮丧，每个人也都曾经拒绝过别人，那么到底可不可以拒绝别人参加游戏呢？怎样才算是公平？一旦这条规定实施，孩子们能够放弃“拒绝”吗？……阅读佩利老师的书，竟然让我像在阅读一部引人入胜的小说，我被佩利老师的思绪牵引着，仿佛和那些孩子们作伴，一起面临他们要面临的难题。

另一个故事则是佩利老师对自己内心的倾听，她一直用说故事的方式和孩子们沟通，在她的故事里，有奇幻的想象，更多的则是她对自己和常规的质疑。为什么必须这样？为什么不可以是那样？于是，一只喜鹊讲述了它的冒险经历，而喜鹊的故事又和教室里孩子们的生活有着千丝万缕的联系，就像两条在空中交缠重叠又时而荡开的丝线。

佩利老师将很多教师认为行之有效的“思过椅”视为一种思想的陷阱，因为它用简单粗暴的方式放弃了倾听和对话，只实现了对孩子的控制。同样，在她的喜鹊故事和班级的新约定故事中，她也在试图激发孩子们去思考那些被我们习以为常的伤害和不公平，挑战“理所当然”。虚构的故事和现实的班级生活在这些对日常思维的审视和挑战中交织在一起，孩子们在故事中出入自由，阐释着自己对于生活的理解。

阅读佩利老师的故事，是一种新奇的体验，我们很少如此直接而又鲜活地走入一位教育者的内心世界，走进她的教育现场，随着她倾听到孩子的声音。也许，佩利老师带给我们最大的启发，就是放弃成人高高在上的身份，唤醒内心成长的渴望，用好奇和接纳开始倾听，用倾听搭建崭新的成人与儿童之间的关系。

我想，每一位成人都应该阅读佩利老师，不仅仅因为我们要向她学习如何看待儿童，如何倾听儿童，更因为我们每个人内心都有一个不断成长的自己，一个始终都勇敢保持好奇的自己，一个需要被倾听的自己。自从认识了佩利老师之后，我总在心里问自己：你的那只喜鹊也在讲故事，你听到了吗？你的喜鹊也会勇敢地对那些理所当然说“不”吗？你敢把喜鹊的故事讲给你的孩子听吗？答案是肯定的，佩利老师一直鼓舞着我，成为一个勇敢细腻的倾听者。

目录

Contents

“你不能玩！”
——拒绝的口头禅

3

六十岁以后，我对教室里排挤别人的声音变得更加敏感。尤其是“你不能玩”这句话，听起来真让人感到难受，就像一记冷酷的耳光，响彻教室的每个角落。一个孩子不经意的一句话常常决定了另一个孩子的命运。

小孩子们常常很天真地问别人：“你是我的朋友吗？”其实答案才是问题所在，如果回答“是”，会怎么样呢？反之，被人拒于千里之外的感受又是如何呢？

总之，进入幼儿园，展现在孩子面前的是一个完整的社会结构，这也将是奠定其一生与别人互动的基石。有的人会享有排挤别人的特权，就这样，这些"统治阶级"会用自己的方法让别人知道他们是否被接受，而另外的一些人就得尝尝闭门羹的滋味。长久以来，老师们努力地禁止学校里打人和骂人的行为，但对一种更具有破坏力的现象却视而不见，并任其在每个年级中像野草一样蔓生着。

事情非得如此吗？今年我下定决心要找出答案。我在教室里贴了一个标语——**不可以说："你不能玩！"**我向孩子们宣布了这项新规定，孩子的反应是：我不相信你真要我们这么做！

在我班上的二十五个孩子中，只有四个人觉得这个新规定很好，而这些人正是常吃闭门羹的孩子。反对最强烈的是最常排挤别人的人，不过，每个人对我这项不可思议的新规定都显得有些怀疑。

他们心中暗自思忖着：这到底是什么意思？真的要我把私人游戏王国的大门打开吗？朋友之间的关系会变得如何？莉萨甚至哭着说："那有什么好玩的啊？"

在讨论这个新规定时，孩子们迫切地想找出漏洞，我也向学校里高年级的学生们征询意见，虽然他们觉得"不可以说：‘你不能玩！’”是个很公平的规定，但似乎和人的本性不尽相符。

幸好，人们不只是在辩论中过日子，有一个更有效的办法可以解决这些争论——讲故事，虽然不是对议题直接仲裁，但那是孩子们熟悉，而且也是比较能接受的方式。这一次，我发明了一只爱说话的喜鹊来拯救那些寂寞、害怕的人，它用说故事的方法让这些人的心情好起来。后来我发现，喜鹊拯救的第一个人竟然是我自己。

今年教室的气氛很不稳定，嘈杂声、哭声不断，我的新规定像乌云一样悬浮在教室里，雨水淋在每个孩子的身上，但更多淋的是我自己。我再也找不到那个理性、平和的中心点。我想我嘶喊得声音都快哑了！

就在这种情况之下，我要到加拿大一个偏远的城市给一群老师演讲，而讽刺的是演讲的题目竟是有关快乐的教室的。虽然我只离开两天，但我的心情很沉重，好像是抛弃了那些需要我的孩子，也同时背叛了我自己。我脑子里不断地想着——安吉洛是不是在和人打架？当克莱拉躲在小小的游戏屋时谁来安慰她？我实在不该离开他们。

一路上我觉得很不舒服，飞机一再地延误，到达时也没有人在机场接我。进了旅馆匆匆地换了衣服，赶紧到演讲厅去。我不认识任何人，也不记得到底是谁邀请我来的，我开始觉得有点儿恐慌，这群陌生人是谁？人群中有人亲切地跟我打招呼，这让我更加紧张，我也不认得在我旁边微笑的面孔，她用麦克风说话，接着介绍我，并引用我书里的句子，我却一点儿也记不起来那些曾经使用过的字眼，耳边听到一个怯生生的声音回谢了主持人，并开始念演讲稿。一个小时以后，我含混地找了个借口，快速离开了会场。在这个时候，我最需要的是独自面对孤独。

第二天早上太阳还没升起，我已穿好了运动服，在第一道曙光中，来到旅馆对面空荡荡的公园里，开始每天三英里的晨跑。跑到第四圈，也就是快一英里的时候，我的空虚感如预期般消失了。我记得常跟孩子们提到我的晨跑就像他们的游戏，如果我觉得悲伤，跑步常奇迹般地让我恢复愉快的心情，思绪也变得条理井然。不过，此刻即将发生的奇迹却是令人惊愕的。

7

当我开始跑第五圈的时候，树上的一只鸟开始对我讲话。真的，他对着我讲话，我清楚地记得：在那个雾蒙蒙的早上，一只黑白相间的鸟对着我叫，我从来没见过这种鸟，当我跑到第七圈的时候，我不禁喃喃低语："你是谁？你在跟我讲话吗？"那只鸟只是继续往前面的树枝移动，好像在引导我，这时阳光已洒落在较低矮的树枝间，两个穿着白色休闲鞋的妇人经过我的面前，"抱歉！打扰你们了。"我说，"那是什么鸟？"她们笑了起来："你真的不知道吗？那只是一只喜鹊。"

原来你就是喜鹊，但喜鹊不只是童话中的鸟吗？

我的脑海中浮现出了一个画面：一只喜鹊飞过一座古城堡的时候，听到一阵哭声。"亲爱的女士，你在哭什么？"喜鹊问那位低泣着的公主，"因为我被带到这个陌生的地方，我很想念我的亲人和朋友。请你帮帮我好吗？""好啊！骑到我的背上来，我们只要绕着城堡飞十二圈，就能破解魔咒，到时候，你会发现你已经回到了家。"

枝头上，喜鹊的啼叫声把我从幻想中拉了回来，我不禁失声大笑，突然间，我觉得自己与周遭的人、树、房子十分协调，我看到丘吉尔爵士的铜像，强忍着感动的泪水，抱歉地说："丘吉尔爵士，你一直都在这里吗？"

我一直保持着高昂的情绪，我洗了澡，吃过早饭，再次登上讲台，几百张快乐的脸孔迎接我，我迫不及待地告诉他们有关喜鹊的事——我似乎没法不告诉他们这个故事——而且故事的开头还是从我前一晚的糟糕情绪开始的。听众中有人吃惊地指着我身后的窗子，我回过头，看到一只喜鹊正从窗口飞过。"而这种感觉，"我说，"就像是安吉洛幻想自己是只忍者龟，与其他的乌龟和平相处时的幸福感。但是当他进入教室，来到一个陌生的园地，他要等到自己完全沉浸在这个幻想中，才能发现我们的笑容，并和我们一样开心地笑。"

但是，不久后有人告诉他不准玩，他的心情又跌入谷底，就像是漂浮在没有歌声的森林里。

我的脑海中重新浮现了那个画面：喜鹊在城堡的上空盘旋……突然间，一阵悲伤的声音从一扇打开的窗口传出来。

回到学校来上课，我告诉孩子们在加拿大小镇公园里那只喜鹊的故事。安吉洛本来不理会我，但是当我讲完时，他已挤到最前面并且问我："你为什么要看那只鸟？"口气中带着命令的意味。

“那是一只真的鸟吗？”克莱拉好奇地问。

“公园里的那只是真的。”我说，“不过在我心里另外还有一只叫喜鹊的鸟，他常常讲故事给我听。”

孩子们鸦雀无声，莉萨说：“噢！是你想象的。”

“你为什么要离开我们？”安吉洛很在意地问，“我本来有事要跟你说的，现在都记不起来了！”

“也许你会再想起来……”

“才不会呢！那是一个梦。我讨厌你看到的那只喜鹊。”

喜鹊觉得很奇怪，他飞过树梢，在古堡的四周盘旋，一切都静悄悄地，连一只鸟的踪迹也没有。他不禁怀疑：“怎么可能？我竟然听不到一点儿鸟叫声！”

真的！这个古堡周围的森林里竟没有半只鸟，就连啄木鸟敲树干的笃笃声也听不到，就好像湖里没有鱼、小孩没有朋友一样奇怪，喜鹊很纳闷，怎么整个森林里竟找不到一只鸟？！

他继续在城堡的上空盘旋，希望能找到一点儿生机。突然间，一阵悲伤的声音从一扇打开的窗口传出来。他飞上窗檐，停下来往里看，小小的房间里点着一根蜡烛，石板上坐着一个小女孩，正慢慢地梳着洋娃娃的头发。

小女孩对着娃娃说："假装我是你的妈妈，你以为我已经死了！但是在你生日的那天，我又活过来了。"小女孩豆大的泪珠儿成串地滴在洋娃娃的脸上，"可怜的小宝贝，把你弄湿了，爸爸会以为你也哭了呢！"

喜鹊再仔细打量这个孩子，她黑黑的皮肤，活像一只知更鸟，乌黑的头发，好像乌鸦的尾巴。而喜鹊家乡的孩子们，皮肤都是白里透红，就像是长在亚历山德拉公主花园里的桃子。

喜鹊轻声问道："对不起，你是不是有什么困难？我可以进来吗？"

小女孩先是吓了一跳，接着她紧抱着洋娃娃转过身来，对着窗子那边说：“噢，好美的鸟儿啊！”

“我的名字叫喜鹊。要不要我帮忙啊？”

“谁都帮不了我的忙。因为没有人能使我妈妈再活过来，真的没办法了。”小女孩用一条长长的蕾丝披巾把娃娃裹起来，任凭蕾丝垂到地板上。然后她站了起来，说：“但是你还是可以进来，我和爸爸都很喜欢鸟。”

喜鹊不解地想着：真是奇怪，他们喜欢鸟，但却住在一个没有鸟的地方，于是问道：“这是你们的古堡吗？”

小女孩点点头：“我叫安娜贝拉，我爸爸是卡里姆王子。我们的祖先是非洲的国王和皇后，你要不要看看我的爸爸？他花很多时间研究小鸟哦！”

喜鹊愈来愈觉得奇怪，但也不敢多问，于是用嘴去碰了碰娃娃发亮的衣服，赞美着说：“好可爱的娃娃！”

安娜贝拉把娃娃放在喜鹊的背上，轻声说：“飞吧！飞走吧！我可爱的小宝贝。”然后她脸红着说：“对不起！喜鹊，娃娃和我都很寂寞，所以就把你当成玩伴了！你会觉得很怪吗？”

“一点儿也不会。”喜鹊说。他太了解寂寞的感觉有多难受，当他还在蛋壳里的时候，就曾经尝过寂寞无助的滋味。他也了解孩子们游戏的方式，于是说：“我来的地方，有一个小女孩叫亚历山德拉公主。她和你一样常和她的娃娃讲话，有时候她还假装我是个巨人，要偷她的娃娃。”

安娜贝拉听了，眼睛顿时亮了起来：“我好想和亚历山德拉公主玩啊！可是爸爸说得不到的东西就别抱希望，来吧！喜鹊，跟我到楼下去，爸爸喜欢我在喝下午茶的时候去找他。”

午餐前，安吉洛记起他的梦:“我的黄金鼠不见了，我到处找它。接着我的房间不见了，我的家也不见了，但是我奶奶还在那儿，她也在东找西找的，但是却看不到我。”

“我也有过类似的梦。”我告诉他，“我要去学校上课，但是学校不在原处。最后，我发现学校竟变到另一条街上了，当我走进校门却又找不到教室，我的梦和你的很像啊！”

安吉洛有点儿惊讶，“老师，我们两个一样啊！”他笑着碰碰我的手。这个好动的小家伙有着像知更鸟一般黝黑的皮肤，当他静下来看着大家时，脸上常出现令人不解的表情，但是当他和一群小勇士们在一起的时候却神勇得不得了，他也很会把自己的梦编成故事。

钢琴旁的地毯上有张“故事桌”，是孩子们用来讲故事和演出的地方。随后，安吉洛走到故事桌边开始讲他编的故事。

“从前有一个小男孩迷路了。突然他听到一阵吵闹的声音，原来有一只黄金鼠中了陷阱，被关在笼子里。小男孩安慰它说:‘别怕，别怕！我有一把魔术钥匙，可以放你出来。'结果黄金鼠变成了他弟弟。原来，他竟忘了他还有一个弟弟。"

每每听到孩子的故事，我都有股冲动想把我的梦也转变成故事，我的梦和记忆常告诉我，那些被排斥在外的人是孤单的。童年时代的情景依稀可见，那些受到排挤的孩子们一张张难过的脸，还有自信满满的孩子们那一副掌控全局的得意样子，他们总是手握王牌，而我总得尽力讨好他们，不断地向他们妥协。

老师们也常常关心那些受欢迎的孩子，至于那些不受欢迎的人，我们往往显得很不耐烦，"受欢迎"是好的，"不受欢迎"是坏的。而后者常常要承受各种指责。

记得我小学一年级的老师就曾当众指着一个体重过重的小女孩，说："要是你能减肥，再偶尔换换衣服，就会有朋友愿意和你玩了！"我当时吓了一跳。我妈从不会说这种话，也绝不允许我们这么说别人。不过话虽如此，我还是尽量离她远远的，同时我也小心翼翼地避免在家里说类似的话。

打从幼儿园起，虽然我表现得很好，但在学校里我就

北极星说：“跟我来，当第一道阳光照到地面的时候，你就会看见一个小仙女在草原上，你可以跟她玩。不过，当最后一道阳光照到老橡树的树梢时，一定要记得回到自己的床边！否则你的翅膀就会不见了！”

连着六天六夜，小公主都能遵守约定，但到了第七天，她玩得太高兴了，竟然忘了注意时间。当露珠在晨光中闪烁，小公主才发现自己已不是小鸟，再也无法飞回家，她急得哭了起来：“我怎么回到爸爸那儿？”小公主伤心的哭声使得所有的仙女们也跟着哭了起来，她们的泪水流成了一条河，于是小公主坐着百合花瓣做成的小船，回到了爸爸那儿。

小公主醒来时发现小仙女就坐在床

边。小仙女说："我要留下来当你的朋友，因为你是我最好的玩伴！"

喜鹊低头表示故事已讲完，安娜贝拉公主高兴地笑了。卡里姆王子从书桌边抬起头来，喊道："安娜贝拉，你在笑什么？小宝贝，来爸爸这里，茶已经泡好了！"

安娜贝拉咯咯地笑着说："我们有客人！爸爸！"这时候，喜鹊已飞进书房，停在了书桌上。

喜鹊报告说："我是从高松国来的喜鹊！愿听从您的吩咐。"

医生笑我说喉咙的毛病是"老师的职业病"，又强调那是一项殊荣，还命令我不可多讲话。但我愈想克制自己不讲话，就愈觉得需要开口讲话。

班级讨论的时间到了，虽然我沙哑的声音让他们有点儿不舒服，不过大家还是靠近我围坐在地毯上。我告诉孩子们：“今天在玩积木的时候发生了一件不愉快的事，我还不知道怎么处理，现在克莱拉很伤心。”

孩子们都很专注地听我说，因为他们和我一样想要了解克莱拉因何事而伤心。

我的脑海中突然浮现：“喜鹊，你听说过眼泪流成河的事吗？”

孩子们转头去看克莱拉。我继续说：“你们中的许多人都认为老师总是知道谁对谁错，但这次却不太一样，克莱拉是因为别人不和她玩而难过。”

就像我说要去看医生时一样，安吉洛又用了解和同情的眼光看着我，他对有关感觉的事总是特别敏感。多年来，我一直不曾正视这个问题，但却愈来愈清楚地听到孤单的孩子们内心的哭声，难道是我太敏感了？我想到克莱拉和安吉洛，也了解他们是受排挤的孩子，我很少在教室里用“被排斥”这种字眼。当然，孩子们很天真，他们不会了解在游戏的时候，不让某个人玩会有什么后果，不过他们对于伤心的孩子却会表现出特别的关心，“老师快点儿啊！克莱拉在哭呢！”孩子们的叫声打断了我的思绪。

羞怯的克莱拉开口说：“辛西娅和莉萨在给她们的狗狗盖房子，我问她们可不可以让我也一起玩，她们说不行，因为我只有猫咪没有狗狗。”这是她有史以来第一次讲那么长一段话，“他们还说我又不是她们的朋友。”克莱拉紧紧地抱着那只破旧的布猫咪，哽咽地诉说着心中的委屈。

莉萨辩解说：“我们说过只要她带来一个毛绒玩具狗就可以玩的呀！”

纳尔逊皱着眉头说：“本也不让我玩！”

本急着说：“才不是我呢！是查利，他才是老大。”

“我也一样，他们都不让我玩！”安吉洛也吞吞吐吐地说，“哼！他们不跟我玩，我也不在乎他们！”

孩子们自己炒热了这个话题，原来被人拒于千里之外真是一件令人伤心的事，比其他事更伤心，而且即使老师试着转移这些孩子受伤的感觉，似乎也于事无补。每个人都听过这些话：“你不可以玩！”“你不要坐在我旁边！”“别老是跟着我们！”“不要跟你玩！”“走开！”这些话在大人的世界里可是极大的侮辱，但在教室里却一再地发生，老师们也不知该如何处理。

就算是受害者也不懂得该如何表达自己的感受。克莱拉说："我要叫妈妈帮我买和她们一样的玩具狗。"

希拉强调说："她们应该让克莱拉一起玩，除非她们真的不喜欢克莱拉。"

辛西娅有点儿内疚地望着莉萨说："除非克莱拉真的找不到别人一起玩。"

孩子们和我一样没有明确的立场。"我也同意这是一件很难处理的事情，而同样的事情每天又在不同的孩子身上发生。"

"对啊！就是我！"安吉洛说。

纳尔逊也接着说："我也一样。"

"还有我。"斯米塔说。我从来没有注意到她也会受到排挤。不论老师知不知道，其实有没有被人排斥，孩子心中最明白不过。

"事情发生的时候，克莱拉躲到她的小角落[1]（cubby）里去哭！"我说，"我发现她一个人坐在那里，就带她去找她们谈。莉萨说她不想要其他人来玩，而且两个人玩就够了，但我告诉她们，'虽然你们不想让别人参加，但克莱拉

[1] 小角落：一个小的、舒适的小隔间，孩子们通常在这里寻求安全感。

需要你们呀！'"

辛西娅垂下眼睑说："我想过让她跟我们玩啊！"

莉萨哭了起来："这是我的游戏，我有权决定让谁玩！"然后她又面红耳赤地喊："好！以后我都不玩了！"

孩子们认真地听着这些戏剧性的对话。我用几乎听不见的声音继续说："我本来想帮克莱拉的忙，但这么做是不公平的，我会破坏莉萨和辛西娅的游戏。不过，克莱拉加进来玩就真的会破坏她们的游戏吗？怎么破坏呢？我真的不知道怎么做才好。幸好玛丽走过来，她说她可以和克莱拉一起玩。"

说到这里，我的喉咙又干又痛，忙啜了一口水，自从喉咙不舒服以后，我随身都会带着一壶白开水，医生要我多喝水，也建议我不要大声说话，我只好用很低的声音继续和孩子们对谈："今天我一直在想这个问题，在学校里，小朋友是不是可以不准别人加入他们的游戏？那样公平吗？因为教室是大家的，不像家是自己的地方。"

"就像喜鹊住的地方。"安吉洛说。

"就像高松国？"我又惊又喜，一年多以来，每当孩子们向我提到喜鹊时，我总是感动万分，好像提到我心爱的事物一样。

“是啊！谁都可以在那儿玩！对不对，老师？”

“希望如此。”但我也不敢太肯定。

我心中暗忖：喜鹊，你不怕住在陌生的地方吧？

我早已写好喜鹊的新故事，但是因为喉咙还没好，所以迟迟不敢大声地讲故事。这些日子，我总是起得很早，一面喝着蜂蜜红茶一面赶写喜鹊的故事，幸好我的助教萨拉·威尔逊很厉害，我歪歪斜斜的字迹她都认得出来。

现在，当我静静地坐在孩子们围坐的圈圈外，一阵孤独感向我袭来，好像孩子们告诉我不让我玩，不让我加入他们的团体。我在想我小时候在幼儿园里不能参加别人的游戏时，大概就是这种感觉吧！

卡里姆王子吃了一惊，他把椅子向后推了一下，注视着这个意外的访客：“喜鹊？喜鹊？请等一下。”他拿出一本厚厚的书，一页页快速地翻着：“……啊，在这里！'喜鹊：黄嘴喜鹊，有耀眼的黑羽毛，翅膀和下腹呈黑白两色，属长尾鸟类，喜欢有颜色的东西，会模仿其他鸟类的声音。'"

他合上书，笑着说："看来这本百科全书并不包括所有的东西，你竟然可以讲人话。你真的喜欢搜集鲜艳的东西吗？很抱歉！我这么多嘴，我就是喜欢研究鸟类，目前正在写一本关于鸟类的书。"

喜鹊很兴奋："原来你和我一样爱讲故事！"

"不过，爸爸写的是真的，你的故事是假的。"安娜贝拉公主坐到爸爸的膝上笑着说。

"亲爱的安娜贝拉公主，"喜鹊客气地说，"我的故事和这些书里写的一样真实。我刚刚讲给你听的寂寞公主想变成鸟的故事，和你脑子里想的都是真的啊！"

"说得好。"王子说，"我们每个人都用自己的方法说故事。也许我写这些鸟儿、画这些鸟儿的原因是我想变成鸟，能自由地飞来飞去。”

喜鹊绕了屋子一圈，看着墙上的画说：“你画的这些鸟好像可以马上从纸上飞起来似的。”他飞回桌子上，看见安娜贝拉公主把茶倒在大大的杯子里给他和王子喝，另外又倒在小杯子里给自己和洋娃娃喝。喜鹊跳到王子的面前说：“我可不可以问一个关于你的事情，卡里姆王子？”

王子搅动着热茶，点点头说：“当然可以。”

“坦白地说，我觉得很奇怪，既然你和安娜贝拉公主都爱鸟和孩子，却又为什么住在一个既没鸟也没孩子的地方？”

那个皮肤黝黑，头发灰白的王子轻拍着小安娜贝拉公主的手，眼睛遥望着窗口，慢慢地说：“我太太还在的时候，这儿才不一样呢！她悦耳的歌声常常吸引好多鸟儿和不同国家的人来听，这森林里曾经充满了歌声和笑声。”王子忍不住用手帕擦去眼角的泪珠。

小安娜贝拉亲了亲王子的脸颊，接着说："妈妈去世以后，鸟儿们都飞走了，人们也搬走了。喜鹊，你听说过眼泪流成河的事吗？"

我的喉咙才好了一些，就得赶到亚利桑那州去演讲。我决定演讲完要让喉咙好好休息一阵子，否则我的声音恐怕永远都恢复不了。离开前，我还特别将和孩子们再次讨论一起游戏的内容录下来，以便在飞机上听。孩子们声音的回放常常可以帮我理清一些问题，而在当场讨论时，我往往并不能完全理解他们的意思。

老师：如果有人不让别人一起玩，可以吗？我们需要一个新的游戏规定，叫作"不可以说：'你不能玩！'"

本：你只要哭一哭，他们就会让你玩了。

老师：那如果说这个人觉得很伤心，又不想用哭的办法，老师是不是可以强迫别人让他玩？

（很多声音传来：不行！不行！）

希拉：如果别人不跟他玩，你也不能逼他们呀！你应该尊重他们的意见，然后说："克莱拉，来！我们来和比较喜欢你的人玩！"

安吉洛：莉萨和辛西娅应该让克莱拉一起玩，因为她们有时喜欢她，而不是一直不喜欢她。

纳尔逊：她们又不常在一起玩，所以我觉得应该让克莱拉一起玩。

老师：安吉洛和纳尔逊都觉得他们又不常在一起玩，而且也没有那么讨厌克莱拉，所以应该让克莱拉玩，我们是不是应该坚持这一点？……嗯，你好像不赞成。

查利：如果我在场，我会让克莱拉玩。

老师：你和本一起玩的时候，只要有人要参加，你都会答应吗？

查利：如果是很特别的游戏就不行。

本：像刚刚我们在玩变形人的时候，纳尔逊要玩，他每次都这样，但是我们已经玩到一半了，所以我就跟查利说你决定好了！我没关系！因为查利才是老大。

纳尔逊：你们两个都可以决定呀！

安吉洛：他们更喜欢和别人玩。

威凯：我觉得应该只让两个人玩，其他的人可以找别人玩。我哥哥在读四年级，他都是这么说的。

老师：我们应该听听高年级的意见。

安吉洛：如果有人想参加，就应该让他一起玩。

莉萨：那干吗玩啊！

纳尔逊：你就只想和辛西娅玩。

莉萨：我也可以自己玩呀！为什么克莱拉就不会自己玩？

安吉洛：我觉得那好可怜啊！自己玩常常会想哭。

莉萨：让我和不喜欢的人一起玩，我会更难过。

老师：你们觉得哪一边的人比较难过？是不受欢迎的人，还是拒绝人家的人？

克莱拉：不受欢迎的人比较难过。

莉萨：两边都难过！

安吉洛：克莱拉比较难过，因为她都躲到小角落里了，但是莉萨每次还是在继续玩。

莉萨：我难过的时候就不想玩了。

这个议题已经讨论得很透彻了。后来我念这段录音给较大的学生听时，大家都同意安吉洛和克莱拉的看法。但是，如果在真实的情况之下，他们也承认会和莉萨一样。

班上没有人想再过问这件事，所以克莱拉将继续在她的小角落里寻找安慰；安吉洛仍会视我们如同陌生人一般。还有，查利永远是老大；莉萨今天不让克莱拉玩，明天不让辛西娅玩，后天不让斯米塔玩。我们的所作所为无形中就变成了游戏规定，并进一步成为日后的生活模式。

在飞机上，我听到莉萨很悲哀地说“那干吗玩？”还有纳尔逊一针见血地说“你就只想和辛西娅玩。”难道玩的目的是要寻找一个好朋友然后紧紧地抓住她不放吗？或是看谁能当老大？如果“占有”确实是游戏最大的特质，那么我们又该如何消灭这种让人伤心的占有权呢？

第二天早上，我起来晨跑，夹道的仙人掌盛开着橘红色的花，我边跑边试着整理思绪。首先，我们得承认，游戏本身是充满喜悦的，这当然与友谊相关，但不等于友谊。游戏可以培养感情，而友谊也确实可从游戏中衍生出来，两者是相互依存、共生共长的，但孩子们并不这么认为，必须等到他们年纪渐长才会明了这种关系。

我所教的学生是刚刚脱离婴儿期、脱离以家庭为生活重心的孩子，他们的一切都以自我为中心，占有和嫉妒是他们这个时期最大的特点。“学校”可以说是他们第一次接触到“公共领域”的地方，孩子们需要与别人分享空间、设施和老师。如果我们有心的话，可以好好把握这个机会，培养孩子“开放”的观念，让孩子在这个公共的地方，不仅有亲密的友谊，也有平等参与活动的机会。

在大多数的教室里，公平参与活动的机会当然是一件很重要的事，它是所有活动（除了自由活动，因为一般人都认为自由活动是私事）的基础。事实上，对任何一个孩子来说，在游戏、合作和团队中体现出的自由接受程度才是最重要的。

在现今民主化的教育中，大部分事情都是用表决的方式来决定的，但是我们却默许孩子们在教室里排挤别人或当老大。仔细想想看，在都会里的帮派老大正逐渐消失，私人俱乐部也逐渐扩大服务的消费对象时，我们却仍然允许孩子在教室和游戏的空间中建立藩篱。

一个五年级的孩子后来跟我说:“你又不可能一辈子不吃闭门羹，所以不如现在就有点儿经验。”

我说:“或许我们的教室可以比外面的世界更友善一点儿。”

他反驳说:“不过有了经验，当你真的受到排挤时就不会那么难过了。”

虽然他看起来好像对被拒绝这件事很有经验，但我并不想放弃我的主张。我对五年级的学生们说:“作为一名老师，这正是困扰我的地方。那些受排挤的孩子年复一年的被剥夺玩游戏的权利，被排斥的重担都由同样的几个人来承担，他们硬是被别人看成陌生人一样，公平吗?”

喜鹊想着刚刚听到的伤心事，唉！何时才能不再有悲伤的事呢？他回答说:“我不知道，但是我可以讲一个故事给你们听，你们想不想知道小魔女比阿特丽克斯是怎样救我的?”

王子和小安娜贝拉静静地听喜鹊讲他的故事："有一天，不知怎么回事，当我正在啄蛋壳想要出来的时候，竟然发现自己在一棵陌生的大松树下，那里只有我一个人，半身被埋在一堆松针和青苔里。我不断地用嘴去啄蛋壳，你知道，那很累的！一旦开始啄了，就不能停下来。

"就在我想休息一下的时候，突然听到一阵很大的吵架声，我从蛋壳的小洞往外看，有两个比你——安娜贝拉公主——大一点儿的小女孩在吵架，两个人在那儿推来推去的。一开始，我并不知道她们是姐妹，而且还是小魔女呢！不过，我很快就听出她们竟是为了我而吵架的。

"西尔维娅想把我踩扁，但比阿特丽克斯不准她碰我，她们两个人就在那儿推来推去、吵来吵去的，我没被踩扁还真是奇迹呢！西尔维娅不停地跑回来，脚一直在我的头顶上晃来晃去。我真的看得见她的鞋底！”

小安娜贝拉用手捂着脸：“好可怕啊！你一定吓死了！”

喜鹊点点头：“对啊！我都吓呆了，现在想起来都还觉得怕怕的。我记得比阿特丽克斯一面叫，一面说喜鹊是一种很特别的鸟，他们会带来快乐，但是她妹妹根本没兴趣知道这些东西。”

“真的吗？”卡里姆王子问道，“百科全书里没提过这一点。”

“嗯！但比阿特丽克斯认为是这样子的，她警告妹妹说：‘你走开！不要动他，让我照顾这个可怜的小东西。’西尔维娅跺跺脚生气地走开了，比阿特丽克斯为我做了一个窝，你看过喜鹊的窝吧！就像是一间茅草屋。”

小安娜贝拉一脸疑惑地问：“喜鹊，为什么比阿特丽克斯要对你那么好，我听说魔女们都是很凶的。”

“比阿特丽克斯说她不像一般的魔女那么坏，当然她也很顽皮，尤其是她嫉妒的时候，不过大多时候她只是像你一样爱玩而已。她的姐妹们就不一样了，她们不像比阿特丽克斯那样保护我。比阿特丽克斯就像妈妈一样照顾我长大，所以虽然没有同类做伴，我还是决定留下来，比阿特丽克斯所在的高松国就变成我的故乡了。”

此时，卡里姆王子已动手在纸上画起喜鹊来了。他画出喜鹊的头和尾巴，并且用水粉笔涂上颜色，画好了就挂在墙上，摆在老鹰和知更鸟图的中间，然后坐回椅子上，看着小安娜贝拉和喜鹊在桌边玩捉迷藏。

过了一会儿，王子开口问：“住在陌生的地方，你不怕吗？你认为如果我和安娜贝拉住在那里也会快乐吗？在高松国我们可是陌生人啊！”

小安娜贝拉睁大了眼睛，她不相信爸爸会愿意离开自己的家，到一个新地方去住，她叫着说：“爸爸！我们不会是陌生人的。我们已经认识喜鹊了呀！我还知道亚历山德拉公主的事，别忘了还有比阿特丽克斯呀！”

喜鹊高兴地绕着屋子飞来飞去，然后停在一堆高高的书上说：“高松国里有十四个小孩，他们都在一间小小的学校里上课。那里有十几种不同的鸟儿，我曾算过那儿有七种啄木鸟，还有一间没人住的茅草屋。”

王子站了起来，牵着安娜贝拉的手，对喜鹊说：“好极了！我想也许你是天神派来的使者，快告诉我高松国怎么走，好吗？”

喜鹊拍拍翅膀、吹着口哨：“王子殿下，我能做的可多了！来，准备好马车跟我走吧！”

喜鹊说：“高松国里有十四小个孩，他们都在一间小小的学校里上课。”

啊！好吧。我很好奇高松国里的孩子们在玩沙盘时是怎样和睦相处的。总之今天我们这里是不可能的。好像每个人都无法和别人好好地玩，我也没有心情去管那么多，现在只想赶快把沙盘盖起来，这才是上上策。

我想起喜鹊故事里的一段描写："一只巨大的老鹰正对着橘色的花朵俯冲下去，花儿从山上抖落下来。"

我哑着喉咙说："为什么不先把沙分成几堆，这样子每个人都可以自己玩了！你们实在太吵了，我都听不见故事了。"

"安吉洛先开始的。"查利说。

"他们故意商量好要偷我的沙。"安吉洛气呼呼地说，"算了，算了，他们真坏，我不玩了！"

他在裤子的两边擦擦手，向故事桌走来，一边走还一边掉沙。接着，他垂头丧气地低下头，闭上了眼睛。过了一会儿，他跳起来说："老师，我可以讲故事吗？"

"好极了！我正想听故事呢！"我一面从孩子们的记事本中抽出安吉洛的本子，一面回答他。虽然玩沙的角落还是陆续传来孩子们的吵闹声，但坐在故事桌旁的孩子们都已静静地等着……

几个人在森林里打猎，他们一看到山上有动静就开始往上爬，爬到山顶时发现有只小狐狸掉到陷阱里了，他们就把小狐狸拉上来。小狐狸哭着叫妈妈。“小狐狸，没关系，我们会带你回家，帮你生火取暖。”他们是好人，要帮小狐狸，没有伤害他。他们把小狐狸带回家，狐狸妈妈正在家里等他，小狐狸看见了说：“我还以为你死掉了呢！”猎人们说：“你妈妈又活过来了。”猎人就为他们生火取暖。

克莱拉也要讲故事：

从前有只小猫咪和一个小女孩，小女孩的名字叫莉萨，小猫咪叫克莱拉，他们住在一起。

这几年，我都会把孩子们所讲的故事记下来。那是他们自创的童话，他们的声音已经融入我的潜意识里，变成我生命的一部分，我无法想象如果我拒绝安吉洛的要求，他会如何。我也说不出"我不想听你的故事，我比较喜欢克莱拉。克莱拉，你讲个故事给老师听"这类的话。当然这永远都不会发生。但是我却允许孩子们在游戏中这样做（排挤别人）。

孩子们觉得我到亚利桑那州演讲的事情非常有趣。他们已经知道我在晨跑的时候，看到开满橘色花的仙人掌时又编了一些有关喜鹊的故事。"我也问亚利桑那州那些老师在教室游戏时，如果有孩子不让别人玩怎么办？"

"他们怎么说？"孩子们急切地问。

"他们先是要大家彼此相爱，让别人也能一起玩。如果不行的话，他们就帮受到排挤的人寻找新朋友，就像我们一样。"

孩子们已经知道"排挤"这两个字，不必用委婉的字眼来修饰。在游戏中被拒绝是在未来所有情境中都被拒绝的先兆。当然，这种被拒绝感其实要开始得更早，早在人第一次与母体分离时就开始了。但在学校单独面对同辈时，我们仍然都脆弱不堪。

“有些老师觉得应该让孩子们自己解决比较好。”

“那我们该怎么办才好呢？”克莱拉问。

“你可以用游戏和说故事的方法啊！我不想告诉你们一定要怎么做。”

斯米塔说：“你都不跟我们讲要画什么，但是珍妮弗老是叫我画这画那的。”

我说：“她喜欢给别人建议嘛！反正你也不是每次都照着做，对吗？”

安吉洛感兴趣的是我还有什么没告诉大家。此时此刻我一心一意地想将新的游戏态度传递给大家，所以只是简单的一句“我并不想左右你们的想法”实在显得很没有诚意。

“我们得坐到这边来……”

“还要讨论……”

“但是我不会告诉你们该讨论些什么。”我急着说，“我只想仔细听每个人到底说了些什么。”

“那我们得轮流说话。”

这是孩子们第一次如此强烈地想要“检验”我在讨论中

的作用。难道他们已经感觉到我要用一种他们不喜欢的方式去改变什么吗？当孩子们的态度这么坚决时，我怀疑自己是否有权强迫他们接受我的意见呢？

"不管怎样，反正，我跟那些老师们说，我很确定那些不被接纳的孩子们在其他活动中的表现也不是很好，因为他们也许太伤心了，所以没有心情学习或注意听讲。"

"克莱拉伤心到无法注意听讲吗？"辛西娅问。

"还没有，我还没看到，但我们不想这样的事发生，无论是克莱拉还是别人。我们不想让任何人像掉进老鹰巢穴时的橘色花王子那样伤心。"

"他是谁啊？"

"你等会儿就知道了。他是我在亚利桑那州晨跑时创造出来的人物。"

克莱拉并不是个特别好奇的孩子，今天却一反常态地追问："你到底还有什么话没告诉大家？"我回答说："我还没有说的是，让克莱拉在你的房间里玩吧，因为她想在那里玩。"

克莱拉睁大了眼睛，好像听到一个秘密似的。"不过，我想我还是得告诉大家。克莱拉，你认为如何？"

“对啊！”她大声地回答。

我想起喜鹊，他太了解寂寞的感觉有多难受，当他还在蛋壳里的时候，就曾经饱尝寂寞无助的滋味。

“首先，我要和高年级的小朋友们谈一谈。春假回来以后，我会找一年级、二年级、三年级、四年级、五年级的孩子们谈话。”小朋友们喜欢这种背诵年级的方式。那些有哥哥姐姐的孩子们一想到自己的家人在某个年级时，总有一种莫名的兴奋感。“我们就会知道这些哥哥姐姐们对于——不可以说：‘你不能玩！’这个新规定有什么感想了。”

王子和小安娜贝拉迅速地打包行李，他们把书本、杂志装一大箱，娃娃和衣服另外装一大箱。在帮马儿装上马鞍时，王子对安娜贝拉说：“如果马儿载不动那么多行李，我宁愿自己走路也不愿意丢掉任何一本书。”然后他拿了纸和笔给喜鹊，要喜鹊画张地图。

“对了！陆上地图是很重要的。”喜鹊说，“我们鸟儿都是靠飞，恐怕画得不太准确。”喜鹊在纸上走来走去，然后衔着笔在左上角画了个"×"。

"这是我们现在的位置。这是我们要去的地方。"他又在另一边画上"×"号，喜鹊在这两个"×"号中间飞了一下说："好了，我想起来了。"他开始画线，先是直的，然后是弯的，最后是波浪似的线条。

"看！我们先沿着大沙漠边缘这条笔直的路走，大概要花费不到一天的时间。然后我们将沿着一条蜿蜒的小路，穿越几座高山。因为我飞的时候都会数一数山峰所以我知道。"他又衔起了笔画了六个白雪覆盖的尖顶，然后在远处的波浪纹上涂上蓝色。

"这些代表银海，我们得等船来才能过去，这样就快到了。对岸是一片密密的森林，看起来像一堵厚厚的墙，那就是高松国的入口。"

"喜鹊，让我来画树。"小安娜贝拉拿起绿色和咖啡色的笔，不一会儿，她就在第二个"×"的地方围起了一圈高高的树。

王子收起地图，望了古堡最后一眼，大声地喊道："嘿哟！"他大力拉着马缰，"出发了！"

穿过静悄悄的森林时，王子和小安娜贝拉一直都若有所思，不过当马车走到大沙漠，突然看到路旁花朵盛开的仙人掌，它们看起来就像是巨人伸手捧着紫色、橘色的花一般时，两个人心里瞬间明亮起来。"爸爸，可不可以停一下？"安娜贝拉撒娇地说，"我想闻一闻花香。"

马车停了下来，小安娜贝拉跳下车，王子说："喜鹊，我想画张图，因为我们从来没到过沙漠，这些花的颜色和形状都好特别。安娜贝拉，给爸爸摘各种颜色的花，好让我涂颜色时准确一点儿。"

但是当安娜贝拉正要伸手去摘橘色的花时，花瓣马上就闭了起来。安娜贝拉小心翼翼地避开仙人掌的刺，试着再采另一朵花，同样，花瓣又闭了起来，安娜贝拉敢肯定有声音从花里面传出来。

民意调查

——新规定公平吗？行得通吗？

春假过后，我整理出一张与高年级学生谈话的时间表。经过一个星期的休息和数不清的润喉茶，我那沙哑的声音已好转了许多。我急着要知道大家对我的新规定——不可以说：“你不能玩！”有什么反应。

老师们的反应是好奇但也很合作，对于我各种热心的建议，他们早已习惯了，而且这也是一个大家普遍关心的问题。一般来讲，老师采用的方法是帮助被排挤在“局外”的孩子们完善自己的个性，以使他们更加容易被“局内人”所接受。可我的方法却与众不同：排挤别人的“小集团”必须先改变自己对“集团”外的人的态度和期望，无论是出于何种原因。

一年级的小朋友们强烈的反应吓了我一跳。事实上，我和低年级的孩子们一个班一个班地讨论时，发现他们对这个问题表现出极端不同的反应，而且夹杂着强烈的情绪。

经常在简短的介绍后，我会提出两个问题：新的规定公平吗？施行起来有没有困难？于是，记忆的箱子被打开了！每个人似乎都无法忘记在幼儿园里曾受人排挤的情形。种种往事历历如昨，其中几个孩子曾是我班上的学生，他们所描述的某些细节当时连我都不知道，当然也可能是我已经忘了。

一个小女孩说：“有两个女孩，她们都有一种特别的洋娃娃。她们不让我一起玩，只是因为我没有那种娃娃。”

“就像那些男孩子一样，很多时候他们都不跟我玩。”一个小男孩接着说，“但如果是他们比较喜欢的人要进去玩就可以。”

看来大家对被拒绝这种事是很敏感的。“还有以前我们常玩一种游戏，有个人总是当老大，每次都是他演好人，我演强盗，不然他就不许我玩。”

“那些人是怎么变成老大的？”我问道。

“如果是你最先开始玩的这个游戏……”

“因为你说……反正你知道都是这样的！”

“他们让你……因为总得有个人告诉大家怎么做啊！”

那个没有特别洋娃娃的女孩子提出反对的意见：“如果那个先说要玩娃娃游戏的人不喜欢这个人，但另外一个人说可以让她玩，先说要玩娃娃游戏的那个人说不行，另外一个人说可以。”

我重复解释一下她的意思：“就是说除了那个先说要玩娃娃游戏的人以外，其他的人也有权利让她参加。”在社会行为中分享责任是一件很麻烦的事，这种情形在每一个年级都一样。

一个小男生接着说：“是啊！但是如果有人让他们的好朋友加进来玩，然后有一个你不喜欢的人也要一起玩，万一那个刚加进来的人说可以，其他的人却说不行，那时候怎么办？”小男孩说完话，转头看看四周的人，寻求支持，这些孩子一点儿也不需要我再加以解释，因为我们讨论的是相当切身的问题。

"对啊！那么你的好朋友也许就得退出！看，这样是行不通的。这样每个人都会很生气。"

"有一次别人说我可以玩。"一个小女孩瞪着地毯另一端的同学说，"我们就一起玩，但那个先说要玩的人却一直想要赶我走。"

"因为我们的人数已经够了啊！"那个同学解释说。

"那样不公平，如果这个人已经在玩了就不应该赶他走。"坐在一边的男孩子说。

有个我曾经教过的男孩告诉我："你的规定没有用。因为这样会产生更多的争吵。如果有人说你不可以玩，这就是游戏的规定了，可现在他们又要为你这个规定再吵架。"

"如果没有规定呢？"我问道。

"那么那个人走开就没事了呀！这样比较好。"

"我真的不懂什么规定。"一个女孩埋怨着，"比如说我只想两个人一起玩，然后来了一堆人又一堆人，这样就变得好复杂啊！"

"那真的很复杂。"我承认，"曾经有那么多人想和你一起玩你的游戏吗？"

“没有。”她简单地回答，“但是如果有一个很讨厌的人也要进来玩怎么办？”

大家都静了下来，我们都在想如果一个陌生又不受欢迎的人要加入自己的游戏圈时怎么办？当大家沉默的时候，我告诉他们一个真实的故事。“记得那个和我一起教书的威尔逊老师吗？她住的那栋大楼和其他两栋大楼有一个共同的后院。所有的小朋友都在这个后院玩，他们共同遵守一个规定：每个人都可以玩。年纪大的孩子会问小一点儿的孩子‘你要玩吗？’如果有人乱来或故意闹事，他们就告诉他不可以这样，一直说到这个人肯守规定为止。”

孩子们听完了都觉得不可思议。“你们觉得这个后院好吗？”我问大家。

“好棒啊！”

“这些人真好。”

“真希望我也能住在那儿。”

“我也这么觉得。”我说，“教室可以像这个后院吗？”

“可能的。”那个担心我的新规定会引起争议的小男孩说，“这很公平，但人不像规定那么公平。”

"不过，我觉得女孩们要自己玩也很公平啊！"有个女孩说。

"男孩子也可以自己玩。"坐在她旁边的男生说。

我问这个男孩，"但是如果有女孩子觉得好奇，譬如说她没有哥哥或弟弟，而想看看男孩子们怎么玩的，或者男孩想看看女生们怎么玩，怎么办？"

他的回答满足了每一个人："你可以问啊！先问那个想玩的人有没有兄弟姐妹，如果没有，那么男孩就得让女孩一起玩。同样的，女孩也要让男孩一起玩，这样才公平。"

王子知道怎么回事后，皱皱眉头说："安娜贝拉，你没有打扰那些花是对的，其实很明显，它们不想被触碰，你同意吗，喜鹊？"

"当然啊！每一种生物都知道什么事会危害到它们的生命。对了，说到危险，沙漠到了晚上会变得非常冷，我建议你赶快画好画，我们才能在天黑前赶到山边，因为我们得找个山洞过夜。"

卡里姆王子收拾好画具，继续往前赶路，直到看见成群的山峰。当他们来到一个大转弯时，太阳已渐渐地从起伏不平的山脊滑下，王子指着一个山洞说："我看我们得在这儿过夜了。"他把马儿绑在树旁，然后拿着枕头、被子、画笔和画本走进洞里，安娜贝拉抱着洋娃娃跟了进去。

喜鹊衔着苔藓飞进来，喊着说："看你们能不能拔到一丛柔软的草。如果你们想睡个好觉的话，一定要筑个大大的巢。"

安娜贝拉用披巾把娃娃包起来，放在一圈苔藓里，轻声地说："睡吧！小宝宝，你马上要有一个新家了。"

然后她走到山洞外开始找铺床的东西，她看到山顶上有一丛花，就往上爬，突然间她大喊："爸爸！喜鹊！看这边！它们和我在沙漠里看见的花一样啊！我看到它们在动！"

王子和喜鹊还来不及开口，一只巨大的老鹰正对着橘色的花朵俯冲下去，花儿从山上抖落下来，只有那朵最小的被老鹰衔在嘴边，然后放到峭壁边缘的鸟巢里。

王子大叫："是金鹰！它为什么要攻击那些花儿呢？它们又动不了！"

喜鹊展开双翼说："我去看看怎么回事。"安娜贝拉爬到喜鹊的面前说："我也要去！这些石头路看起来不会比我们家院子里的树难爬！"

王子点点头说："好吧！不过我可不去，我留下来看马，小安娜贝拉，你要小心点儿啊！"

喜鹊紧张兮兮地跟在安娜贝拉的后面，心中想着她的手和脚看起来实在不如翅膀来得实用。以前比阿特丽克斯小魔女只要变成飞蛾就可以飞起来，但是安娜贝拉又不是小魔女，怎么变呢？"喜鹊，你看！那些花在向我们挥手。"小安娜贝拉叫了起来。

"那些不是花！"喜鹊大声地说，"他们是小矮人！

他们只是穿着橘色花瓣做成的衣服，那只老鹰偷走了一个小孩！”

喜鹊对着那些聚集在石头上的小矮人说：“喂！我是喜鹊，这位是安娜贝拉公主。我们看见了刚才发生的事，需要我们帮忙吗？”

安吉洛静静地坐在故事桌旁说：

我的故事里也有一只老鹰，但他不会抓人。我的老鹰是好人，他要带我到北极去，可是有人要射他。射不中，这些人就告诉老大，老大就用弹弓射得好远好远，打中了老鹰的翅膀，老鹰“哑哑”地叫，我们赶紧飞到北极，然后我就把他的翅膀包扎起来。

我把安吉洛的故事记下来。纳尔逊猛然坐到安吉洛的旁边，抱怨道："那些人都不让我玩！"

"他们只想和自己人玩。"安吉洛补充说。

纳尔逊泄气地说："他们要我做坏变形人。"大家都知道纳尔逊根本不想当坏人，叫他做坏人就等于叫他不要玩。查利和本就有权做这样的事。这些老大可以拉开自己的弹弓，想打谁就打谁。而我的工作似乎就是为这些挨打的鹰包扎伤口。

我把查利和本叫过来，并且把安吉洛编的故事说给他们听。"当你叫纳尔逊做坏人的时候，就像那个拿弹弓打老鹰翅膀的人一样。"我说。

"我们都跟他好好商量过啊！而且我们只缺一个当坏人的人，那是我们先开始的游戏！"

"我知道！你们先开始的，所以你们觉得这是你们的游戏。我觉得这不太公平，难道不能有三个好变形人吗？"

本诚恳又很有耐心地说："我们不玩那种游戏的。"

后来，当我看见卡尔与他们一起玩三个好变形人游戏时，我愤愤不平地说："孩子们，你们不能这样子。这对纳尔逊很不公平。"卡尔觉得莫名其妙。他皱着眉头看着我，一副既难过又生气的模样。他当然要生气，我执意加在他身上的伤害就和孩子们对纳尔逊的伤害一样。

问题是没有任何规定可以让大家完全不受到大哥们弹弓的伤害，就算是克莱拉也可能会去排挤别人。午餐后，她和莉萨一起玩而不让辛西娅和她们一起玩。为什么克莱拉明明知道这样做会使辛西娅难过，但偏偏还要这样做？当我指出她的行为时，克莱拉一点儿也不想放弃这个突如其来的好运。她的愿望实现了，莉萨今天选择要和她玩，这个短暂的快乐只会使她在下次被拒时更加难过而已。

辛西娅埋怨道："她们不让我当老鼠姐姐。"别人只让她当老鼠家族邻居的小孩。当然，这比起当一家人的感觉是疏远了些。

在沙盘区，威凯也哭着，不知是安吉洛推了他一把，还是打了他。"他故意把我做好的路弄乱！"安吉洛生气地叫喊着，"我知道，就因为他们不想让我在这里玩。"

"安吉洛！你看看威凯，你把他弄哭了！"我故意放低声音说话，但听起来却比安吉洛的叫声更生气。我表明立场："我已经告诉过你不准你推人或打人的，安吉洛。"安吉洛跑向他的小角落，我突然想起安吉洛从来不曾拒绝过别人。

放学前，我翻阅笔记本时翻到了与一年级学生的谈话内容。孩子们吵着要看讨论的事项，所以我把本子高高地举起来，然后念着与一年级学生讨论的要点：

1. 也许新规定会引起争吵。

2. 也许太多人想一起玩同一个游戏。

3. 也许有人会对你很凶。

4. 如果别人要玩，就得当强盗才可以玩，这样公平吗？

5. 如果已经对一个人说"不可以",能对另一个人说"可以"吗？

6. 如果带头玩的人说"不可以"，别人能说"可以"吗？

7. 女孩子们可以说只许女生玩，男孩子们也可以说只许男生玩，除非有人觉得好奇想加入对方的游戏。

孩子们都吓了一跳，没想到我们的新主张会得到这么多的响应。当然，除了最后一条关于男生和女生自己玩的部分，我们都在自己的教室讨论过。不过对孩子们来说，这是一种很新鲜的经验，他们没想到自己关心的问题也是别人关心的问题，而且意见还那么相似。

结束讨论前我还说了一段话："最让我觉得有趣的是——虽然大家都觉得这个新规定可能很难行得通，但是他们却都记得在幼儿园里的事，尤其是那些不愉快的经验。"

"什么不愉快的经验？"莉萨问。

"像别人不让你玩的事情啊！"

喜鹊看着小安娜贝拉在石头路上快速地爬着，看起来好像一只小山羊。当"小花朵"们再度集合起来时，小安娜贝拉已坐在旁边仔细地观察他们了：他们的衣服包括帽子和鞋子都是用花瓣做的，他们的皮肤是沙子的颜色。"你们住在仙人掌的花里吗？"安娜贝拉一面问，一面想着上次要摘花时听到的声音。

"是的，那就是我们的家。"一个戴着橘色皇冠的妇人兴奋地说，"我是橘花皇后，那只可怕的老鹰捉走了我的儿子，橘花王子。真是奇怪，我们常常爬到山顶喝水，从来都不会发生危险。"

说着说着，皇后哭了起来，其他的人都跑过来安慰她："这当然不是你的错！"有一个老公公说："这些山其实都很安全的，只是今天我们爬的是第七座山，这座山是不准人爬的。"

"第七座？"喜鹊吓了一跳，"哪有第七座！我数过的，只有六个山头啊！"

"你看不见第七座山的，因为它被一层层的乌云和浓雾给挡住了。"老公公回答，"听说有凶恶的龙住在那儿，我的祖父母看过他们的脚印，也听过他们吼叫的声音。"他坐下来开始哭着说："我们再也不能来了！"

喜鹊对皇后说："皇后殿下，我觉得那只老鹰不会伤害你的儿子，老鹰通常不会攻击人的，他也许是对你们明亮的色彩和可爱的动作感到好奇而已。无论如何，我一定会想办法把你的孩子救回来！”

皇后擦了擦眼泪，抬起头来看喜鹊：“你怎么打得过那只大老鹰？”

喜鹊摇摇头说：“不需要打架，我有一个朋友是小魔女，我从她那儿学到一种新技巧，它比蛮力有用多了！”

小矮人们都点点头。“我们知道有些方法和技巧是很管用的。”有一个自称是橘花叔叔的人说，“尤其像我们这么小的人。”

“比如说把花瓣关起来？”安娜贝拉问，“或者假装成一朵花？”

有一个小孩爬到安娜贝拉公主的膝上，踮起脚尖说：“我们还会嗡嗡地叫，喷出好臭好臭的汁，还有……还有把尖尖的刺藏起来，等敌人发现时已经来不及了。”

安娜贝拉高兴地拍手叫好：“好精彩啊！不过，谁是你的敌人呢？”

他惊讶地看着安娜贝拉说："就是那些蜥蜴呀。他们最爱偷吃我们的蜜汁，还有那些'大个子'总想把我们采下来。你不知道吗？"

安娜贝拉脸红了起来："真不好意思。我刚刚就像那些'大个子'一样想把你们摘回家。不过，从现在开始，我一定不是你的敌人。"

这个时候，喜鹊正在上面的一块大石头上飞来飞去。大家都抬起头来看他。喜鹊叫着说："我想到了一个好办法。不过，那需要两个人才能完成。"

安娜贝拉叫着说："我来！我来！我已经休息好了。你看我跑得多快！"

橘花叔叔跳起来，跑到山崖边，说："我也来。我对这些石头很熟悉。我能告诉安娜贝拉哪些是危险的。"

喜鹊拍拍翅膀说："我怕你们两人都不管用。我的计划需要在天黑的时候进行。"他继续飞。每当喜鹊飞近山崖边的时候，便往另一个方向飞出去，并且斜斜地看着鹰巢。天色渐渐暗了，晚霞染红了天空，山头也在暮色中渐渐消失。喜鹊对安娜贝拉说:“安娜贝拉！快回到你爸爸那里，很快就看不见路了。”

我一走进教室，二年级的学生就把书收起来，坐到地毯上。“我来这里是想询问一下大家的建议，我们正考虑在幼儿园推行一个新的规定，就是在游戏的时候不能排挤别人，不能拒绝别人。我们称它为——不可以说:‘你不能玩！’”

不需要我多说，孩子们就热烈地讨论起来，这是他们熟悉的领域。“我姐姐不跟我玩，我就自己玩。我爱怎么玩就怎么玩。”

一个小男生接着说:“就像我哥哥。每次问他可不可以让我玩，他都说不可以。我妈妈都叫我们自己商量。”

“也许在家里那是个好办法，但是在学校行得通吗？”

“你就去找别人玩啊。如果我的朋友在和别人玩，我就会到别的地方去玩。”

他身旁的小男生说：“你才不呢！他会去跟老师说。”

“那样不可以吗？”我问。

“那当然可以，我是说他才不会到别的地方玩呢！”

我问他说：“那你呢？当别人说你不能玩的时候，你怎么办？”

“我自己玩。我妈妈都叫我自己玩。”

“假设有一个规定是不准欺负别人。只要你想玩，别人就得让你玩。这样公平吗？”

有几个孩子争着发言：“嗯，这样很公平。不过如果有人不喜欢别人，那就不好玩了。”

“我在一年级的时候，有一次，一个男孩在玩做报纸的游戏。我问他可不可以让我玩，他说不可以，可是后来别人去他那儿，他却让他们玩。那个时候我很难过。”

“她下次也可以这样对他啊！”有个男孩说。这个反应让发言的女孩子很生气。

“你每一次都这么说。我一个人怎么做报纸？而且那时候我都还不会写字呢！反正你昨天还不是不让我加入你们！”

“那是柯蒂斯，不是我。”他指着一个高个子、金头发的男孩，“他才是老大。由他来决定谁才能玩。”

柯蒂斯显得有点儿不好意思：“我才不想当老大，是他们要我当的！”

“我们叫他老大。”那个男孩子解释。

“没错，因为是我发明的游戏，他们要先等我把游戏发明出来，然后必须由我来选择谁能参加、谁不能参加。”

“一定要有老大吗？”我问。

有个女孩回答说：“对啊！那样比较好。有时候我和杰米玩，就得决定谁当老大。这样的话，如果有不喜欢的人想要来玩，当老大的人就可以说要不要让他参加。”

我觉得很困扰。为什么大家把老大当作一件理所当然的事？至少在幼儿园，孩子们为了老大这件事儿还得吵半天。“告诉我，为什么一定要有老大？”

有个男生说：“如果没有老大，有事时就要举手表决。”接着他又若有所思地说：“或是大家都喜欢的人就可以加进来玩。”

“如果你就是那个不被所有人喜欢的人，你觉得哪一种方式更好呢？”我问道，“是举手表决还是听老大的？”他们都觉得对于想要加入游戏的这个人来说，举手表决通常会更有利，也是最公平的决定方式。不过，有老大是比较方便些。

我疑惑的表情引起许多热烈的反应。有个女孩子表示：“如果用举手表决的方法，结果是不通过，那么那个人就会知道有很多人不喜欢他。如果是老大决定的，那就只有一个人不喜欢他，他就不会太难过。”她似乎讲出了大家的心声。

这倒是一个很新奇的想法：只被一个同学拒绝感觉就会好多了。你还可以自我安慰地想其他的人也许并不讨厌我。“假如没有老大，也不用表决。只要想玩就能玩。你们觉得怎样？”我再一次问道。

“那的确更公平。”一个男孩说，“虽然那是一个不错的规定，不过游戏就可能不好玩了。”

“就是不好玩也要坚持这个规定呢？”

那个说明老大合理性的小女生说：“我觉得那是一个好的规定，因为那样会使人感觉更好。”

我注视着这些围坐在地毯上一张张无辜的、甜美的脸。他们都是好孩子，他们也都知道被人排斥的感觉不好受。我告诉他们克莱拉因为没有玩具狗而被排挤在外的事，他们听了很生气。

一个男孩喊道："太不公平了！和我妹妹的情形一样。后来我妈妈知道了这件事很生气。她说老师不应该让这种事发生。"

"他们说要玩具狗只是个借口。"一个女孩很了解地说，"他们根本不喜欢她。不让她玩等于是说她很讨厌。"

"那么，应不应该在幼儿园实行我提到的新规定呢？"

几乎所有的孩子都赞成。"当然啦！不然年纪较小的孩子会哭，就像我妹妹。"

"到了二年级的时候，你会知道要怎么办。"一个男孩说。

有个人不太相信地问："如果你的好朋友本来都跟你玩。后来来了一个新朋友，然后你的好朋友就一直跟她玩，并且说你不准再跟她们玩。那时候你怎么办？"

突然间，我们进入到一个可以敞开心扉的世界，有个一直保持沉默的女生说："以前在幼儿园，有个女孩名字叫米莉，她不喜欢我，每次都不让我玩。"她的脸红了起来，让我想起了安娜贝拉公主。如果我讲喜鹊的故事给这些小朋友听，要不要把安娜贝拉公主讲得更脆弱一点儿？七岁的孩子认为他们应该是勇敢的，而且会自己处理难过的感觉。不过，他们也记得自己被排挤的经验，希望自己能以最小的伤害去拒绝别人，他们没有想到排挤他人本身就是个大问题。

隔天上课的时候，我告诉班上的小朋友说："二年级的同学觉得我们的确应该推行一个新规定，让想玩的人都能玩。"

"他们班有规定吗？"

"没有。他们觉得这种规定大概不会有效，他们认为还是有老大比较有用。"

甚至莉萨都被这种主张吓了一跳："他们喜欢有老大？"

"是呀！他们认为有老大比较方便，由老大来决定谁能玩，谁不能玩。这样子，那个想加进来玩的人会认为是老大不喜欢他，才不让他玩的，而不是每个人都不喜欢他。"

孩子们不太认同这种逻辑。虽然他们都接受有人会自封老大，或被封老大这个是事实。不过，在态度上还是有些抗拒。他们似乎也知道有一天老大的权力会太大。

我补充说明:“但是他们并不希望我们的班上有老大。他们班上有个男孩说不想让他妹妹整天被人排挤。还有一个女孩记得在幼儿园里被拒绝时的感觉，很难过。”

“等我们到二年级时再考虑老大这件事好了！”威凯看着查利说，但是查利并没有回应他。

安娜贝拉没有回嘴。她虽然好奇、好动，但是她也很讲理。“喜鹊！真希望我能像比阿特丽克斯一样变成一只小飞蛾。”她一面走下山坡一面说，“那我就能和你一起去老鹰的巢穴了。”

喜鹊高兴地呼叫说:“安娜贝拉宝贝！这就对了！我们有的就是像飞蛾一样小的人。橘花叔叔可以骑在我的背上，飞到鹰巢躲起来，那时候我就来玩个小把戏。”

“什么把戏？”安娜贝拉问的时候，喜鹊已经飞在半空了。

喜鹊叫着说:“我没有时间解释了。告诉你爸爸我就要试一试我最拿手的把戏了。”他飞到小矮人那儿，把橘花叔叔叫到一旁，在他耳边悄悄讲话，又点了点头，然后把翅膀大大地张开。当大家看得目瞪口呆的时候，橘花叔叔跳到喜鹊的背上，霎时间就不见了踪影。

不久，月亮躲到了云后，山头也在黑暗中消失了。突然间传来一阵老鹰刺耳的尖叫声。“咻咿——咿——咿——咿”“咿——咿——咿——”每一次的叫声都从不同的方向传过来。“咿——咿——咿——”突然，橘花叔叔和小王子从一堆羽毛中跳出来。喜鹊说：“张开你的眼睛吧！小王子，没什么好怕的了！”

橘花皇后抱着小王子，不停地亲着他，又哭又笑，直到小王子从她的怀里跳下来。“真刺激啊！”小王子绕着喜鹊，一边唱，一边跳，还拉着每个人的手跳舞。

皇后很感激喜鹊。她要大家静下来，以免被老鹰听见。“喜鹊，你是怎么做到的？”

喜鹊兴奋地抖动着双翅。“我们喜鹊会模仿其他鸟的叫声。不过，有些鸟我们是骗不过的。当老鹰听到我模仿的声音，以为有别的老鹰要攻进他的鸟巢，就准备反击。他愤怒地飞向声音的方向，不过因为我飞上飞下，飞左飞右的，把他给搞晕了。”

“这时候就轮到我了！”橘花叔叔骄傲地说，“我爬到鸟巢里把小王子救出来，然后躲到一朵黄花里，直到喜鹊回来。不过老实说，我怕得要命。”

喜鹊的眼睛闪着兴奋的光芒：“你和我的天分加起来刚好使计划成功。”

“我的天分？我哪来的天分？”疲倦的橘花叔叔说。

喜鹊叫着说：“就是长得这么小啊！我根本感觉不到你的重量。其实，你们一群人可以全坐到我背上，只要一瞬间我就能飞下山，安娜贝拉公主的爸爸一定很想看看你们。大家小声一点儿，不要再去激怒老鹰了。"

大家都抬头看着老鹰的巢穴，一阵阵老鹰的叫声似乎在寻找什么，"啾——叽——叽——"地叫个不停。

和三年级的同学讨论时，他们很快就抓到了重点。"雪莉常被排挤在外！"有人喊了出来。我还来不及搞清楚是怎么一回事，大家就七嘴八舌地说起了雪莉的遭遇。这个女孩坐在我左前方。她胖胖的，有一头红发。

"在体育馆的时候，有些女孩子一看到她来，就躲到毯子里，她们还尖叫着'她来了！她来了！'"

"有人躲到树后面，并且笑她说'大树都藏不下你。'"

"她们还叫她的外号。"

"没人要和她一起吃午餐。"

我示意让孩子们停止。"雪莉，很对不起。你一定很难过。"

雪莉瞄了班上的同学一眼，"没有关系，让他们讲。"

她平静地说，“他们是排斥我，没有人要和我共用一台电脑，或是一起玩跳绳。”

一个女生打断雪莉的话：“但是有一次雪莉带来一条很长的跳绳，很多人想玩，大家都站在那里看，雪莉就说有些人不可以玩。”

“我说要等一下。”雪莉平静地说，“因为有太多人要玩。”

“不只是雪莉，他们也不让我玩。”有个小男孩说。他的皮肤比安吉洛还黑，“没人要跟我和雪莉玩。”

“约翰最爱指使人，他常和我们吵架。”

“谁叫你都不让我玩。”

这样的讨论和在幼儿园里的一样，都十分针对个人，大家围绕雪莉和约翰遭到排挤而产生的强烈情绪会得到公开认可；而到了四、五年级之后，孩子们就会避免这种直接冲突，他们会说“有些人会……”，甚至会说“女孩们会……”。一个四年级学生一定是在不点名道姓的情况下告诉我：“我们其实比小时候更坏。”

既然把他们最坏的一面公开了，三年级的小朋友开始一五一十地道出普遍排斥的情形。一个女生说：“有一天他们在玩棒球，我也想玩，他们问我有没有手套，我说没有，他们就不准我玩。”

一个男孩说：“她也许会受伤！”

“我可以去借手套呀！”

“那就不能两边各三人了。”

“你就不能再找一个人吗？”我问这个女孩，“这样两边的人就一样多了。”

“可当时没有人想玩啊。”女孩回答。

“你根本没问我们。”有几个女生抗议说。

“因为在那之前你们就说我不能和男生一起玩。”

棒球队的男生们急忙表明立场：“是的，我们不想让队里有女生，那样有些奇怪。”

“他们是不想让不喜欢的人一起玩，”约翰在一旁抱怨道，“他们也没让我玩。”

“他们就是不想要女生。除了珍妮。”

大家都看着珍妮。珍妮举起手表示要发言，不过她谈的不是棒球队。“一年级的时候，有一个人拿了糖果给我吃，霍莉刚好走过来。她也想吃，但是那个女孩不给她，霍莉很难过。”

“是我吗？珍妮。”霍莉一面问，一面自己回答，“是我。”

“你说的事情和玩棒球的事是一样的。”我对珍妮说。

“我也想到了这一点，所以才说出来。现在大家对霍莉还是很不好。”孩子们热切地看着珍妮。

“珍妮对霍莉和其他的人一样好。”孩子们告诉我。

“珍妮，那么你说我的计划行得通吗？小朋友们会让想玩的人就能玩，而不管你喜不喜欢他吗？”

她慢慢地回答：“也许吧！如果大家熟一点儿，也许有可能。”

她的回答让约翰很高兴。“如果大家相处得很好就行得通，对吧？”他那真心真意而且近乎请求的一番话换来了一阵沉默。

雪莉先开口：“如果事先能够彼此多认识一点儿就会有帮助。”

有一个女孩说：“那种规定一定行不通的。如果有些人不喜欢他们，不让他们玩，但是有规定，只要他们去告老师，老师就会让这些人和他们玩。但这样别人不会对他们好的。”

这种理由会一而再、再而三地出现，特别是在四、五年级的学生当中。强制性的公平或强制性的善意总是会起到反作用。可这是为什么？我很好奇。一个“不准打人”的规定不应该造成更多打人的现象发生，孩子们会自己强制执行这个规定，可甚至就连那些受欢迎的孩子也摆脱不了被打的命运。

有个女孩说：“我觉得这个新规定不见得有效。”她停下来，想了一下，然后又迅速地说：“有些人，包括我自己，都有占有东西的欲望。他们会告诉你不能去这儿，不能去那儿。他们自称是老大，别人也赞成这种说法。我也是一样。如果这种情形不存在，那么这规定就行得通。”

另一个女孩接着说：“如果你就是不想让别人玩，那这个规定就行不通。有些人，你就是不喜欢他们，或者有些时候，你只想两个人一起玩，而这时有人硬要加进来玩，你当然就不会很友好了！”

有个男生似乎想安慰我，他说：“你的规定很公平，不过有人只想跟自己的好朋友玩，并不希望别人一起玩。这才是最重要的。”

我转向雪莉说：“就要下课了，你有没有什么话要说？”雪莉笑一笑，我才注意到她很漂亮。

她注视着我说：“其实有些人根本不在乎行不行得通，反正他们只想和自己的朋友玩。但我想你的规定也许会成功，因为有时大家彼此之间都很友好，甚至对我也很好。”

正当大家喝着茶，一遍又一遍地谈着刚刚冒险的事情时，小王子却紧紧地守着洋娃娃。他拍拍洋娃娃，在她身上爬来爬去。他向安娜贝拉请求：“安娜贝拉公主，你可不可以和我一起回家？还有，要带着洋娃娃一起来！”

“对不起，橘花王子，我们正在赶往新家的路上。怕来不及搭上船，那样的话就糟糕了！”

小王子听了以后，就坐在地上哭起来。“我不要他们走！”小王子用他细细的声音尖叫着。橘花皇后觉得很不好意思，但是不管皇后怎么说，都不能让小王子平静下来。

喜鹊蹲下来，轻声地说："我讲故事给你听好不好？不过你要答应我不哭了。"疲倦的小王子擦擦眼泪点点头。喜鹊的声音就像是一首安眠曲。

从前有一个小男孩，他很强壮，也很勇敢。有一次，一只三只角的蜥蜴要攻进他家，这个男孩用一把尖尖的刺刀把他赶走了。还有一条龙对着他吐火，这个小男孩就用一种臭得要命的汁喷他，龙受不了，哭着求小男孩饶他一命。有一天，小男孩看见一只老鹰从母喜鹊那里偷走了小喜鹊，并且把小喜鹊带到高高的山崖边，放在老鹰的鸟巢里。小男孩说："我要给他一些教训。"等到月亮躲到云后，小男孩像山羊一样迅速地爬到老鹰的巢里。小男孩大喊大叫，把老鹰吓走了。他轻声地说："小喜鹊，我来救你了。再等一下，你就可以回到妈妈那里了。"喜鹊真的回去了。然后，小男孩也回家去了。妈妈拿了一杯热热的蜜茶给他喝。

小橘花王子笑了起来，他用小小的手臂拥抱了喜鹊，然后牵起了母亲的手。皇后命令大家跟过来，她向卡里姆王子一行人深深地一鞠躬，差点儿把皇冠掉到地上。皇后说："谢谢你们对我们这么好，我们得走了，我们的马车就藏在离你们山洞外一点点的地方。"

喜鹊看到橘花小矮人要走，有点儿难过地说："我想老鹰不会再来找你们麻烦了。"他在小马车的上头飞，马车是由两只肥大的蟾蜍拖着。安娜贝拉和卡里姆王子陪着橘花小矮人走了一段路，才在转弯的路口互相道别。随后安娜贝拉一行人回到洞里，因为太累了，大家倒头就睡。

到了第二天的闲谈时间，小朋友们围坐在地毯上。我把和三年级学生讨论的内容说给他们听，"他们谈到有两个同学很难过，一个男孩，一个女孩。"

"他们为什么难过？"克莱拉问我。

"因为没人要跟他们玩。他们不让这个男孩打棒球，上电脑课时，没人要和这个女孩一组，也不肯和她一起吃午餐。"

安吉洛知道原因："他们不喜欢这两个人。"

班上的孩子们都看着我，等着我进一步的解释。

"我想三年级的学生感到自己不够友善而有点儿难过，因此大家都热烈地讨论。还好，这两个孩子并没有很失望，那个男孩说如果大家相处得好，我的计划就行得通。那个女孩说有时候大家对别人很好，甚至对她也不错。"

“什么计划？”珍妮弗问。

“不可以说：‘你不能玩！’”我提醒她，“我们还没这样做，这只是一个计划，还不是规定，我们还在讨论和准备中。大家可以提出意见和看法，也听听别人怎么说，我觉得这对一个新规定的推动有大的帮助，尤其是它和以前的做法是那么不一样。”

我一面讲，一面察觉到这正是我踌躇不前，无法断然宣布新规定的原因。我是怕新规定不公平吗？我看是怕新规定行不通的成分比较大，就好像是为庆祝这个新规定开了一个派对，却连一个小朋友也没来参加。

最让我担心的是和高年级学生的讨论。不知多少次我听到孩子们说：“是啊！那很公平，不过这样行得通吗？”在孩子的世界里，友谊总是被放在第一位，公平不知要排在倒数的第几位。虽然如此，我仍然可以感觉到，在每一个班级的讨论中，似乎都有那么一点希望，一线曙光，一个梦想，为他们自己再创造一个像威尔逊老师家后院那样的游戏场，一个会有人主动问你“要不要一起来玩”的乐园。

"萨拉，你认为可以把教室变成像你家的后院一样吗？"

"我觉得可以，不过，不是很有把握。在家里的后院，孩子们来去自如。在学校，大家却得整天耗在一起。"

"又多了一项理由。我们不能一不高兴就跑回家，也不能整天躲在自己的小角落里，我们一定得仰赖陌生人的友善。下个星期，讨论结束后，新规定一定得实施。明天我要和四年级的学生讨论，星期一和五年级的学生讨论。"

威凯拉一拉我的上衣，"我没有跟着他们！"

"他一直跟着我们！"本埋怨着。

"威凯只是想要和你们玩。"

"查利和我在扮演两架空军轰炸机。"

我试着让自己幽默一点儿："啪啦，啪啦，又来了一架轰炸机，那就是威凯——又可爱又棒的一架轰炸机。"孩子们笑成一堆。我心情好极了，因为他们不好意思拒绝我。

喜鹊不是说过："张开你的眼睛吧！小王子，没什么好怕的了。"

隔天一大早，安娜贝拉就帮她爸爸把马车捆好，三个人匆匆地上路了。当他们经过第六座山时，安娜贝拉告诉爸爸还有一座看不见的山。喜鹊从树缝中往下看，他说："我只能远远地看到一些模糊的形状，这就怪了，太阳这么大，就是照不到那儿。你知道吗？卡里姆王子，橘花小矮人认为有迷失的龙住在那儿！"

王子转身看着背后的黑云："我想很可能吧！如果我们看不见他们，他们也一定看不见山外的世界，可惜我们没有时间去研究了。"

他们一行人往海的方向走，还没看见海洋就听到远处传来的铃声。王子喊着："一定是渡船来了。喜鹊，你先飞过去叫他们等我们。我们的运气真好。"

马车到达时，刚好渡船正放下踏板，一个船员把王子的马车拖到踏板上，再牵到船舱中。安娜贝拉和王子走到客舱，船长出来迎接他们，他看起来有点儿恼怒。王子问："有什么不对劲吗？你能带我们去对岸吗？"

"当然，当然。"船长喃喃地说。他命令船员把船开出去。"那是我的责任。不过，抓贼就不是我该做的事了。"

船缓缓地开出港口，安娜贝拉四处看看，船上的乘客看起来很正常。"有贼？他想要偷什么？"

"虽然只有一些奶酪、面包和一些肉罐头，但是，我不喜欢人家偷东西。"船长跺跺脚，"我的船管得很严。如果有别的什么人在这里就请他站出来，或者他也许根本不是一个偷渡者！"

船长用怀疑的眼光注视着船上的每一个人。安娜贝拉轻声地对王子说："他并不是个很友善的人，对吧？咦，喜鹊到哪里去了？"

"他先去告诉亚历山德拉和她的爸妈我们来的事情，他相信高松国国王和皇后会给我们地方住，甚至可能是那间喜鹊提到的小茅屋呢！"

一听到这个消息，安娜贝拉高兴地唱起歌来。那是妈妈教她的一首水手之歌："白浪涛涛我不怕，掌稳舵儿往前划……"

船长马上向她嘘了几声："小姐，拜托！我可没心情听歌。船上有个贼，我一定要抓到他，大家不要动，请安静！我的人要来检查，不要出声！"他最后的一句话是对着安娜贝拉说的。

四年级的女生认为不让别人加入游戏是女生的问题。一个女生很有信心地说："男生比较能包容别人。我们女生对待彼此的确会更吝啬，也比较常拒绝别人。"一群女孩笑了起来，我还以为她们在开玩笑，后来才知道她们是正经的。

在这类事情的讨论中，孩子们的发言都很认真，有个男孩就很不赞同这样的说法。"我不觉得女生比较会拒绝别人。比如说一群男生在玩棒球，有一个人想加入，不过他不是很行，他们当然不让这个人玩。男生常常这样。”他没说出那个人就是他自己。如果他是三年级的学生，他可能就指名道姓了。

另一个女生说：“我观察男生很久了。我们很惊讶，而且还讨论过呢！他们男生不管是谁都可以随便一起玩，女生就没办法。”

我说：“听起来好像你很想跟他们一样。”

“是啊！女生就是小气一点儿，她们有自己的死党，她们只想和自己的朋友玩，不跟别人玩，因为和自己的朋友玩会比较自在。”

我问道：“如果一个人没有几个好朋友怎么办？我的办法会不会给她一些保障？”

一个男孩说：“不错，你的规定很好。但是可能有人会因此而退出游戏，那就不好玩了。”

“就是嘛！这个规定是不错，而且很公平。不过，如果有个游戏已经很多人了……”

“……或是空间太小就伤脑筋了。”

“越多人玩就越难处理，因为每个人多少都有点儿脾气，那个先开始游戏的人可能受不了而不想玩了。”

那个最先发言的女孩开始反击：“那又怎么样呢！他们离开不是自己选择的吗？没错，我知道我也会这么做！可那些被拒绝的人甚至连选择的权利都没有。”

“你说得对，露丝，”另一个女孩说，“可第一个人正在享受一段特别快乐的时光，然后一切就都被破坏了。”

我承认有这个可能性。“对，这种情形可能会发生。不过我们可以想一想哪个比较重要，是有人自己选择要离开，还是有人被其他人拒之门外？”

有个女孩欲言又止，然后又吞吞吐吐地说：“真的，我觉得有这个规定是很好的。不过有些人似乎……嗯，好像，我想是，我的意思是，我不是要故意说这些人，我是说有人的举动很讨厌，破坏了游戏的乐趣。”

“你是说这个规定不错，只是有些人个性不好，不知道如何和别人相处，你就不想让他参加，是吗？”

另一个女孩说：“我们都是这样，对朋友也是一样。有时候，你也不知道你的朋友到底喜不喜欢你。”

男生们都安静下来。他们专心地听女生们讨论，他们的眼睛从这边转到那边。我指着一个男生问："你觉得排斥别人更多的是女生的问题吗？"

他说："才不是呢！比如说哈里和我在玩盖房子的游戏，有人想要和我们一起玩，帮我们盖房子。但是，我们想自己玩。不过，如果他们真的友善的话……"

"他们是谁？"

"哈里和我，如果我们很友善，我们会让他玩。但是万一他不肯好好地玩怎么办？这样的话为什么还要保护他？我是说就算没有朋友，他也必须要表现得很友善，不是吗？"

露丝回答了他的问题："你说得没错。可如果没有朋友也没有办法表现得很友善，那又怎么办？如果连我的好朋友都不肯跟我玩，我当然会难过。幸好我只要回去跟爸爸、妈妈谈一谈就会好过一点儿。要是回家也不能谈这件事的话，多可怜啊！"

露丝旁边的女孩说："我想起来了。有一次我们在扮演坏姐姐。其中真的有个大姐姐，我们假装把她关起来，藏起了钥匙。然后有个女孩想加进来，我们四个人想都没想就拒绝她了，并告诉她因为我们已经玩很久了。其实我们大可以再加一个角色的。”

我说：“你们只想和自己的好朋友玩，对不对？还是习惯性地拒绝别人？对了，你们还像在幼儿园一样，玩角色扮演的游戏。那是《灰姑娘》，对吗？在我班上，大家只想当灰姑娘，没人要当坏姐姐。”

孩子们笑了起来。露丝说：“我们当坏人的经验可丰富了！”

“听起来你很把它当一回事。”

“是呀！我们是比在幼儿园的时候更坏啊……”

我想了一下她讲的话：“那为什么我确定幼儿班需要新的游戏规定呢？”

“我不是说他们对别人比较友好。我是觉得他们比较乖，也很信任你，会遵守你的规定。而现在再给我们新的规定已经太晚了。”

有一个男生说：“她说得很对。如果你要建立一个制度，你得早早开始。比如从托儿所开始，我妹妹一定会乖乖照做的。”

我看到坐在地毯上的孩子们在点头。有人说："对啊！从幼儿园开始。他们会把那种规定当作是圣旨一样。"

王子走向生气的船长，很礼貌地说："很抱歉。我们需要检查吗？我们刚刚上船的。"

船长愤愤地说："反正等一下你们就要下船了。"然后，他让船员等刚来的人下船后才检查。船靠岸了，一个水手牵着王子的马走出船舱，走过踏板，来到码头。喜鹊就在那里等他们。他在一排高高的松树前飞来飞去。有一个小女孩站在喜鹊下面，她的头发是黄色的，就像安娜贝拉爬过的那座山的石缝里长出的小黄花一样。安娜贝拉想，下一个行程该是一所新学校、新朋友，还有，还有……还有什么呢？突然间，马儿站起来，叫了几声，打断了安娜贝拉的思绪。

王子说："他们也许看到码头下有动静，或许是鳄鱼什么的。"

不过，当安娜贝拉坐到马车上时，她发现洋娃娃的毯子又脏又乱。安娜贝拉问道：“爸爸，有人到马车上来过。会不会就是船长在找的小偷？”

王子看了一下码头和岸边，什么也没有。“孩子，我们没时间去解开这个谜了。和喜鹊在一起的这个小女孩一定是公主吧！喜鹊、亚历山德拉，我们能来到这儿真是太高兴了！”

小女孩伸出手来，紧紧地抓着王子的手说：“欢迎你们来到高松国。我爸爸和妈妈正在准备你们的房间。”

安娜贝拉谢了她，看看四周说：“比阿特丽克斯在哪里？我们什么时候能见到她呢？”

喜鹊有点儿不好意思：“哦，她还没准备好。”亚历山德拉笑了出来。

“有喜鹊在，比阿特丽克斯是从来不准备欢迎新朋友的。她刚见到我时，还想把我变成青蛙呢！只是那对她来说太难了。”

安娜贝拉显得有些担心，喜鹊立刻安慰她说："安娜贝拉，不用担心。比阿特丽克斯绝对不会找你麻烦。她只是需要一段时间来习惯陌生人。"

这个时候，比阿特丽克斯正躲在树后，既嫉妒又生气地瞪着安娜贝拉，心想："喜鹊，你别太自信，我可没你说得那么好。"

又到了孩子们讲故事，我记录的时间了。莉萨讲了一个小老鼠的故事。

"从前有五只老鼠姐妹和五只老鼠兄弟。两个姐妹是小鼠宝宝，两个兄弟也是小鼠宝宝。他们刚刚出生。大姐姐和大哥哥买蓝莓给他们吃。睡觉的时候，哥哥姐姐把他们的床弄好，还讲故事给他们听。有一天，一只没有爸爸妈妈的小猫来了。她是孤儿。小猫问他们说可不可以让她做姐姐，老鼠说可以。完了。”

我惊讶地看着莉萨说：“在你的故事中，每个人都可以玩。”

她笑一笑，拿起笔来，在我记这个故事的那一页空白处，画上一只小小的老鼠。“你知道吗？比阿特丽克斯一定很嫉妒。”莉萨突然这么说，好像我们一直在讨论喜鹊的小魔女朋友。“所以她会说她自己很坏。因为嫉妒的人都觉得自己不好。”

我说：“真有意思，不知是什么原因会让一个人嫉妒。”

“当你喜欢的人不能只和你玩时，当然会嫉妒啊！我嫉妒的时候也很坏。”

我提醒她说：“比阿特丽克斯也有好的时候，比如她会像你故事中的兄弟姐妹们照顾小宝宝一样照顾喜鹊。你画的这些小小的老鼠是鼠宝宝吗？”莉萨画了十只老鼠和一只小猫，就像她故事里的一样。“莉萨给了我一个灵感。你们在这儿等一等。”我从我的书袋里拿出一本素描本，我用它来记喜鹊的故事。本来我是准备叫萨拉帮我画插图的，她是个好老师，图也画得很好。不过现在想想，让孩子们像莉萨一样，在每页的四周空白处画上插图，也很不错。

在故事桌边，本来有六七个小朋友。孩子们对老师的动作总是很敏感的。我的几个动作：走去拿书袋、拿出一本他们没看过的大本子挟在腋下，确实把一群小孩子吸引了过来。

我慢慢地翻着书页。"看！这些是我写下来的喜鹊的故事。我每次写一段，就会留下一些空白的地方，准备用来画上插图。我希望你们能帮我画。只要小小的图就行，因为已经有很多字了。"我继续翻，一直翻到今天讲的那一页。"这儿说'在古堡的空处，国王和皇后为安娜贝拉和卡里姆王子准备了新家，不过王子却说只要住在树林边的茅草屋就可以了。'这一段故事就这样开始，有没有看到旁边这些空白的地方？"

安吉洛说："我要画橘花小矮人，还有老鹰，可不可以想画什么就画什么？"

"当然可以，都可以用得上的。不过，不要画太大，否则书页边的空白处放不下。画好后把它们剪下来给我。我会把它们贴在适当的地方。"

我的话还没讲完，莉萨已经画好喜鹊了。“它是有点儿大，不过我可以把它放在上面的角落。”我拿起尺来量莉萨画的喜鹊：“这喜鹊有多大啊？”大家都说大概是七厘米。“大家都看见了吧！书页右边的空白是七厘米，左边的空白是五厘米。你们画完后量一下画有多大，看它适合放在哪边。如果图再大一点儿也没关系，我可以把它放在每一段故事后面的大空白处。”

教室里瞬间乱成一团。有的拿剪刀、纸，有的拿蜡笔、尺等，大家活像一群小小艺术家。只见他们手不停地动，嘴巴还自言自语着：“这是安娜贝拉，她穿一件蓝色的衣服，头上绑着粉红色的蝴蝶结；这是橘色的花。”“吱，吱，老鹰出来了。吱，吱……”是的，如果教室像这样，我们就不需要任何规定了。每个小孩都参与老师指定的计划，这个计划包括了每一个人。每个作品都得到老师同样的注意、同样的待遇，一点儿也没问题。新的游戏规定是要在别的时候用的，而且是大部分上学的时间。当孩子的个人利益和公众的利益及责任感产生冲突的时候，才需要用规定来加以限制。

莉萨正在画第三张比阿特丽克斯的图。她似乎不是很满意。不过，她倒是十分有耐心，就像她和别人相处时一样。"莉萨，我想起你曾经对广子很好。有一次她摔伤了膝盖，你陪她坐在那儿，而且还陪她看书，让她觉得舒服一点儿。那一天，你们一起玩很久。"

"谁比较好，我还是比阿特丽克斯？"

"你们两个人都很好。"

"她会不会伤害安娜贝拉？"莉萨看起来颇为担心。她会不会只跟亚历山德拉玩而排挤安娜贝拉？我冒出的念头是不怎么好，但莉萨似乎的确更喜欢金头发的女孩。她从没跟珍妮弗玩过，珍妮弗是黑头发，她也没让安吉洛当过哥哥或是爸爸。不过，她也从不和克莱拉或纳尔逊玩，虽然这两个人都有浅金色的头发。从莉萨的观点来看，这些孩子都和她熟悉的人长得"不一样"。不对！他们跟别人没什么两样。唯一的不同是，莉萨从来不把他们当朋友对待。

"我知道你很关心比阿特丽克斯和安娜贝拉。"我说，"比阿特丽克斯差点儿想要捉弄……"

莉萨笑着跳起来，"不可能！喜鹊不会让她伤害安娜贝拉的。我知道。"然后，她就跑去玩了。

喜鹊究竟是谁呢？为什么他能让比阿特丽克斯变友善呢？很明显的。那是一股比嫉妒更有力，比恶意或冲动更能让人信任的力量。莉萨喜欢喜鹊，信任喜鹊。莉萨为这个故事最先画的就是喜鹊。我想她希望我更像喜鹊，帮助她变得更好，即使在她嫉妒其他小伙伴，或是有陌生人想加入时，也能敞开胸怀接纳别人。

在古堡的空处，国王和皇后为安娜贝拉和卡里姆王子准备了新家，不过王子却说只要住在树林边的茅草屋就可以了。他解释说："我希望住的地方能尽量靠近小鸟。"

每天放学后，亚历山德拉都陪安娜贝拉走回家。卡里姆王子总是在喂鸟的地方等她们，同时画着那些来吃食物的鸟儿。当王子看到孩子们回来，他总是说："我已经把鸟儿喂饱了，现在轮到喂人了。茶泡好了，孩子们，要大杯的还是小杯的？"安娜贝拉仍然喜欢用洋娃娃的茶杯。

有一天，她们手牵手在散步的时候，亚历山德拉说："我真希望我们是姐妹。"

安娜贝拉笑着回答说："其实当朋友更好。我们也可以假装是姐妹啊，假装我们在森林里走路……"

安娜贝拉继续说："假装我们没有爸爸妈妈，然后，我们看到一只迷路的熊宝宝，我们就把他抱回家。洋娃娃可以当熊宝宝。"

安娜贝拉弯下腰去捡一把青苔。"我们捡到蓝莓当晚餐。"她说。她不是真的捡到蓝莓，不过当她跟亚历山德拉玩的时候，会觉得假装捡到蓝莓是一件最好玩的事。"假装这是蓝莓。"她把青苔放在亚历山德拉的手上。

比阿特丽克斯躲在树后听到女孩子们的对话，她很嫉妒。"我讨厌这两个女孩。"她告诉喜鹊。

喜鹊困扰地说："比阿特丽克斯，她们没有对你做什么坏事啊！"

“有，她们有！”比阿特丽克斯很生气地说，“她们两个很好，又常常一起玩扮演的游戏。而我，除了你以外都没有朋友。喜鹊，这跟以前很不一样，我很生气！我一定要报复她们。”

喜鹊在比阿特丽克斯的面前飞来飞去。他急着说：“告诉我你要对她们做什么？”但是比阿特丽克斯只是摇摇头。她回答：“别急，我还没决定。你走吧，我想自己一个人安静一下。”

事实上比阿特丽克斯已经开始她的整人计划。喜鹊一飞走，她就在女孩子们常走的路上挖了一个地洞。那个地洞可以通到地下道。“怎样才能让安娜贝拉走到这里呢？”比阿特丽克斯一面挖一面自言自语。当她举起铲子的时候，立刻就有了主意：一棵蓝莓树！安娜贝拉最喜欢假装采蓝莓了。

比阿特丽克斯有足够的魔法让蓝莓树出现，不过，假如她上课时用心一点儿，她的魔法就更厉害了。她妈妈常劝她说："上课要注意听，否则你当不了好魔女。"

比阿特丽克斯回答说："没有人喜欢我，我太寂寞了。"妈妈摇头说："孩子啊，没有人会喜欢魔女的。你的姐姐们才不管别人喜不喜欢她们。我们不是要人喜欢的。"

比阿特丽克斯一面把树枝盖在洞口，一面为妈妈看不见她要怎么捉弄小公主们而感到可惜。她眨了三次眼睛，一棵蓝莓树就出现了，真是简单极了！接下来就是要想办法让安娜贝拉掉到洞里去。

可是当事情发生的时候，竟然是两个女孩都掉到洞里了。其实应该说一个是掉下去，另一个是跳下去。是安娜贝拉先瞄见了蓝莓树。"你看，这里也有……啊！救命啊！我要摔下去了！"

看着她的朋友从树枝中消失，亚历山德拉吓坏了。"等等我！我来了！"她叫着。就这样，这两个女孩掉到一堆树叶上，然后很快地站起来。"这是捉动物的陷阱吧！”亚历山德拉说。

比阿特丽克斯跳到她们的面前说：“才不是呢！我是为安娜贝拉做的。亚历山德拉，你很顽皮，都把事情搞砸了。我真不知道喜鹊为什么会喜欢你。”

亚历山德拉非常生气：“你自己才顽皮呢！竟然设陷阱来害我们。”

比阿特丽克斯急得直跺脚：“才不是呢！我只是要安娜贝拉掉下去。唉！我以前在魔女学校应该更认真一点儿学习的。”

安娜贝拉仔细地看着这个女孩，她觉得有一点怪。“比阿特丽克斯，你不必觉得难过，因为只有我掉到了你的陷阱里，亚历山德拉是自己跳下来的。”

比阿特丽克斯吓了一跳：“为什么你要跳下去，亚历山德拉？”

她回答说：“这样我才能帮安娜贝拉。”

比阿特丽克斯的脸涨得通红。“你看看，”她哭着说，“从来没有一个人为我做这种事，除了喜鹊我没有半个朋友，其实喜鹊也不能真的算。安娜贝拉，我以为你掉进去，就没有人跟你玩了。这样，我就可以成为你的朋友。但是亚历山德拉，你把我的计划破坏了。”比阿特丽克斯开始哭起来。

亚历山德拉看到小魔女和普通的小孩一样哭泣，觉得很奇怪。“对不起，比阿特丽克斯，你一定很努力地挖那个大洞和变那棵蓝莓树。”她把比阿特丽克斯衣服上的蜘蛛网挥走，并且帮她把头发弄平。“你真是一个聪明的小魔女。”

安娜贝拉拉着比阿特丽克斯的手说：“你明天要不要到小茅草屋喝茶？我爸爸要用妈妈的食谱做甜饼。”

比阿特丽克斯睁大了眼睛，她不相信安娜贝拉的话。“你邀请我去喝茶吗？是下午茶会吗？”说完，她就转动轮子，沿着隧道冲了出去。

“等一等我们！”女孩子们喊着，“你要到哪里去？”

“跟我来！这是出去的通道。”当她们爬出来时，比阿特丽克斯正在跟喜鹊说开茶会的事。“你认为她们会把我当朋友吗？”她小声地问喜鹊，心中有些不安。

喜鹊转身对安娜贝拉说：“你爸爸要是知道比阿特丽克斯设陷阱要害你，他还会请她喝茶吗？”

安娜贝拉一跑一跳地站到前面说：“你知道，喜鹊，爸爸就像你一样。当他知道比阿特丽克斯很寂寞时，他大概会叫她每天去喝茶。”

“你知道，喜鹊，爸爸就像你一样。当他知道比阿特丽克斯很寂寞时，他大概会叫她每天去喝茶。”我一直想着这一段话。

那天早上我在慢跑的时候，我的脚踏着这样的节奏——不可以说：“你不能玩！”，不可以说：“你不能玩！”。我准备好和喜鹊及王子站在同一条战线上，为维护寂寞的孩子来参加茶会的权利而抗战到底吗？这些孩子勉强被老师接受已经足够糟糕了，而被同学们排斥则是最悲伤的事情。

可是这种道德规范可以被"立法"吗？那么其他道德需要呢？比如自由地选择自己的玩伴，爱跟谁玩就跟谁玩。不错，你当然可以选择自己的玩伴，没人叫你不要跟谁玩。

不过，想跟谁玩、不想跟谁玩是不是人的天生欲望呢？在心理学上，这是否跟想咬人属于同一类型的欲望？有些两岁的孩子有咬人的欲望；但当他们学习去控制这种冲动后，他们会觉得好多了，也许破坏也是一种负担。是的，当你的快乐不再建立在别人的痛苦之上时，那就是一种解脱。当然，这个论点成立的前提是认为排斥别人和咬人的习性是同一性质的。

在对学生行为的规范上，我们常常患了脚踏两条船的毛病，我们犹疑不决，这样做好吗？对吗？公平吗？我已经决定不再犹疑了。我对实行游戏的新规定要速战速决。我想象我的墓碑上将刻着：这儿躺着一个老师，在她活着的时候，带动了"不可以说：'你不能玩！'"这一句流行的口号。

这种想法让我笑出声来，我充满了斗志。没关系，今天，等萨拉念完喜鹊故事的新内容，我就要宣布新规定要实施了。这是一个有关雷蒙德的故事，他是一个不受欢迎的孩子。“我们班在他来以前好多了。”故事里是这么形容他的。

我很想知道莉萨对雷蒙德的感觉。昨天，她告诉我说：“有些孩子很粗暴，很不快乐，跟他们在一起不好玩。”

我说：“也许自己不快乐，会让别人不喜欢和你玩，有个四年级的女孩说她就是这样。”

“让我跟不快乐的人玩，我也会很难过，而且一知道我要难过了，我就很不高兴。”莉萨解释着。

莉萨已经说出那种感觉了。你越不快乐，别人就越不想和你玩。所以，如果我们特别设计一个办法，让小朋友不那么难过，并且公开地让大家知道……好吧，等着瞧吧！

第二天喝茶的时候，女孩子们都在谈论那个新来的男孩，亚历山德拉说：“我真希望把他变不见，比阿特丽克斯。我们班比他来以前好多了。”

比阿特丽克斯从来没有去过女孩子们上课的学

校。在魔女学校除了写字读书以外还要学做坏事。但是她知道好的行为在外面的世界比较受欢迎。比阿特丽克斯问："他做了什么事？"她从王子递给她的盘子里拿起第三块甜饼吃。

亚历山德拉"哼"了一声说："他撕破我的画，弄断安娜贝拉的粉笔，还撞倒了她的椅子，还推其他的人。哎呀！为什么他要来我们班？"

这个新来的男孩名字叫雷蒙德，没有人知道他从哪里来，或是他住在哪里。孩子们对他都有怨言。在高松国只有一所学校，那里只有一间教室，老师就是校长。学校里包括安娜贝拉在内一共有十五个小孩，现在雷蒙德来了就是十六个人。他们年龄不一，共同在一间大教室一起上课，一起玩。大孩子帮助小孩子做功课，小孩子帮大孩子做杂务，譬如喂校长养的鸡，砍木材，还有到花园里除草。"我不是大孩子也不是小孩子！”雷蒙德第一天上课就这么说，他既不帮忙也不做事。校长只是挑了挑眉毛，什么话也没说。

亚历山德拉告诉喜鹊说：“那个男孩应该受到惩罚。”比阿特丽克斯喜欢这个想法。

“你为什么不绊倒他的椅子，再把他推倒？我会好好教训教训他。”

“比阿特丽克斯，不要那么无聊了。”喜鹊说，“他早就会这些玩意儿了。”

比阿特丽克斯不同意。“那让他尝尝我的恶作剧。你们两个要不要我展示一下看看？我要让他后悔来到这个学校。”

王子对她们的谈话很有兴趣，“我们邀请这个男孩来喝茶好吗？他可以来看有关鸟的书，也可以跟我一起看鸟，这样也许会让他心情好一点儿。”

第二天，安娜贝拉邀请雷蒙德一起到她家去喝茶。

雷蒙德看起来有一点儿惊讶，他皱着眉头说："为什么你爸爸要我去喝茶？你没跟他讲每个人都讨厌我吗？"

安娜贝拉点点头："我说啦！但是他还是要你去。他想你也许喜欢跟他一起去看鸟。"

雷蒙德生气地踢起地上的泥巴说："我才不要！我也不想去喝茶。"他冲上了花圃，然后一直跑到森林里。

后来，雷蒙德倒在地上哭了起来。突然，从树上传来一阵声音。"请帮我好吗？我叫喜鹊。"雷蒙德擦擦眼睛，注视着喜鹊。"有一只浣熊掉到陷阱里，需要用手把锁打开，你会吗？"

雷蒙德站起来，跟着喜鹊来到小浣熊那里。"你要快一点儿，我听到不远的地方有脚步声。"

雷蒙德用力转动锁，"只要再转一下，我就可以把它打开。"小浣熊走到雷蒙德这边，舔着他的手指头。"好了，快点儿出来。小宝贝。快到你妈妈那儿。"说完后，他叹了一口气说："真好，你能和妈妈在一起。"

喜鹊假装没听见他说什么。他只说："谢谢你，雷蒙德。你是那个刚来的男孩吧！你帮了我一个大忙。"

"好了，我该走了。"雷蒙德讪讪地说。

喜鹊知道他不好意思。他心里想：这个男孩很不一样。"你妈妈在等你吗？"喜鹊问他。雷蒙德没有回答就走开了。

突然，他头也不回地说："是啊！妈妈在等我。"

过了一会儿，喜鹊偷偷地跟着雷蒙德走到森林的深处，树根杂乱地纠在一起，到处挂满了苔藓。小男孩四处看看。他拨开盖在洞口的树枝，然后走进洞里。喜鹊看见雷蒙德把书摊开在一个破旧的箱子上，一块平坦的石头上有一堆苹果，小男孩拿了一个苹果，然后躺在一张铺满松叶和苔藓的床上。

喜鹊很清楚，他妈妈并不住在这儿。而且，喜鹊也发现安娜贝拉说的贼就是雷蒙德，因为有六罐肉罐头堆在苹果的旁边，罐头上还印有船的名字。

但是雷蒙德想的并不是船上可怕的经历，他看着洞顶，心里想着小浣熊。"我喜欢帮助那只小动物，那种感觉好快乐啊！"他大声地说，"明天到学校我也要帮助别人。"自从躲在船上以来，他第一次开心地笑了，然后沉沉地睡了过去。

新规定开始了！

五年级的讨论被延后了一个星期，我很庆幸没有等他们。孩子们仔细地看着我贴在钢琴上方墙壁上的每一个字。

我一边指着这些字一边说道："不可以说：'你不能玩！'这就是我们的新规定。我们一直在讨论它，现在该执行了。"

孩子们彼此看来看去，显得有些不自在。虽然我们已经讨论了好几个星期，但这个规定宣布得还是有点儿突然。我说："这个规定的意思是：比如有一次，莉萨和辛西娅告诉克莱拉说没有玩具狗就不能一起玩，还有——"

"本不让我加入恐龙帮。"安吉洛抢着说。

"斯米塔说我不能坐她旁边。"克莱拉也想起来了。

"那时候，希拉也不肯跟我在同一组。"斯米塔辩解着说。

孩子们根本不需要我的解释，我觉得很欣慰。"现在我们都知道，如果再有这类事情发生，我们该怎么做啦。当然，这个规定不会让这些事情消失，但是，它让我们知道怎样做才是公平的。"

莉萨嘟着嘴说："这样不公平，我以为我们只是说说而已。我只想和我的朋友玩。如果有人很不乖又打人怎么办？"

"莉萨，我知道你的感受。你当然可以常常和你喜欢的人一起玩，这一点儿也没变。我们对打人这件事也有规定，你记得吧？"

查利说："如果你第一次打人，那可能是不小心，如果是第二次打了人，那就得离开。"

莉萨不为所动："有些人我就是不喜欢嘛！"

"你不喜欢我。"安吉洛安静地说。大家看着他，好像默认他讲的话。很好，就让这个新规定来做实验吧！如果莉萨能在故事或游戏中接受安吉洛，那么这个规定就成功了。我已经决定要这么做，而且确定它对每个人都很公平。

"你们知道这对我也是一种新改变。"我温柔地说，孩子们都把椅子向我拉近，好像他们在一个活动舞台。他们已经习惯我这种新的温柔声。“我做的有些事也不符合这个新规定。”我的“忏悔”让孩子们吃了一惊。当一部新剧的第一幕被拉开时，些许意外是会制造奇迹的。

“当卡尔不肯收拾积木时，你们都看到了我很生气。”

“然后你说如果卡尔不收拾好，他就不能玩。”希拉说。

“是啊！”我指着标语说，“如果这是规定，连我也不能说你不能玩。”

“如果他不肯收拾呢？”克莱拉问。

“那要怎么办？”

查利最先回答：“没关系。”

“真的没关系？”

“没关系，你可以让他看书。”

我有点儿不相信查利讲的话，“你对卡尔真好，可是以前你都不肯让他当忍者龟。”

“我说过明天就可以。”

“我听到了，你才没这样说。”卡尔回答。

“反正这个新规定不好。”莉萨坚持她的意见。

"你比较喜欢拒绝别人。"我单刀直入地说。

"没有啊！"她极力否认，"我都是好好对他们说，他们不会难过的。我是好好说的。"

"那我也可以好好地对卡尔说，不收拾好就不能玩。"

莉萨摇头说："收拾积木不一样。"

"那当然不一样，我们不能用这个理由不让他玩，因为他最后还是会学会收拾玩具的，也许明天就会了。"我笑着对卡尔说，"但是，莉萨，我也同意安吉洛的话。当别人不准你玩时，你会很难过，你会想哭。如果你又没伴又想哭的话，就不能好好上课，也跟别人玩不起来。"

莉萨说："就像那个新来的男孩雷蒙德，只有喜鹊是他的朋友。"

安吉洛说："你忘了小浣熊。哦！对了，那只狐狸，我要把他变成小浣熊！"他跑去拿他的笔记本和一支铅笔给我，要我马上修改他的猎人的故事。

每当孩子们提到喜鹊的故事，我都很感动，我想孩子们对自己的故事也有同样的感觉。现在我的声音比以前好多了，我又可以念故事给他们听了，这样更好，因为光是写故事对我来说是不够的，听萨拉念给孩子们听也是一样。我需要跟孩子们互动，就像让孩子们演自己讲的故事一样，或者甚至准许他们自己选角色演。

在上学的路上，雷蒙德想象他帮了别人很多忙，小朋友都对他微笑。他想：等一下你就会知道我有多好了。

有一个女孩子坐在校门口的石阶上，她拼命要帮洋娃娃扣扣子。雷蒙德看到了说："我来帮你。"没想到，洋娃娃的扣子却掉下来。"哦，对不起，我不是故意的！"

"雷蒙德，你能不能学好一点儿啊？"女孩子骂他。雷蒙德赶快跑到教室。

在木工桌旁，有个小男孩试着把小木块粘成一艘船。雷蒙德知道他弄错了，"你把船舵装反了，我来帮你。"

"雷蒙德，不要你管！不要碰我的船！"小男孩警告他。但是雷蒙德仍好心地拿起了胶水。

"我做给你看，我爸爸过去常常……"

"不要你管！"小男孩尖叫着。他一手抢过小船，一手去推雷蒙德。这时候，小木块被挤成一团，散开了。"你看，你看！"

雷蒙德急忙往四周看，然后哭了起来："都没人要我帮忙。"他冲出教室，一直跑到森林里，大叫："喜鹊，喜鹊，你在哪里？"

比阿特丽克斯正在玩小石头，她抬头问道："你在叫喜鹊吗？"

雷蒙德看见一个头发零乱的小女孩坐在路旁，吓了一跳。他说："我是雷蒙德，我要跟他说话。"

比阿特丽克斯把小石头藏到树底下："女孩们说你很顽皮，我自己也很坏，所以我知道。"

"他们对我很凶，其实我不是故意的。"他解释说。

比阿特丽克斯拉着雷蒙德的衬衫，要他坐下来。“这很麻烦，我告诉你。听好，一定要故意恶作剧，因为他们才不相信你说的什么意外或不小心呢！”

这时候，喜鹊正好飞过来，停在雷蒙德旁边的石头上。雷蒙德一五一十地告诉他刚刚发生的事情，喜鹊点头说：“嗯，我知道了。你这一天过得简直糟透了。太糟了，太糟了。”

“现在大家都会认为我是爱哭鬼。”

喜鹊用力地摇头说：“你不用担心，安娜贝拉和亚历山德拉整天吵架，哭来哭去，她们还不照样是好朋友。”

雷蒙德说：“你不懂的，喜鹊。我根本没有朋友，哪能跟别人照样是好朋友？”

“我想当莉萨的朋友，可是她不肯。”我故事一讲完，广子马上接着说。

莉萨为自己辩护：“我们只要几匹小马。”

“她本来说可以的，自己又忘了。”

安吉洛说：“他们有时候说一说又忘掉。我爸爸说，如果他们不想和你玩就算了！”

“安吉洛，告诉你爸爸这个新规定，我知道他会喜欢的，因为他希望学校能公平一点儿。”

“安娜贝拉的校长有这样的规定吗？”

“没有。”

“为什么没有？”

“因为她没想那么多。对了，我想这个新规定会让我们跳出陷阱，就像比阿特丽克斯做的那个陷阱。她想捉住安娜贝拉，不想让亚历山德拉掉下去。没错，当你尽力想把某个人排斥在游戏之外的时候，那就像一个陷阱，让你和你的朋友陷入其中。比阿特丽克斯以为只要能完全控制安娜贝拉的自由，自己就会很快乐。其实当安娜贝拉、亚历山德拉和卡里姆王子都成为她的朋友时，她更快乐。不久，雷蒙德也会成为她的朋友。”

很明显地，我在逃避莉萨的问题。为什么高松国的校长没有定这个游戏规定？我还要再专门写一章故事说明高松国的校长也像我做的那样张贴了新规定，然后雷蒙德的同学就不再排斥他了吗？我要怎么解释高松国的孩子们可以如此容易被说服，而我的孩子们却不行？我想，还是先让班上的孩子们适应一下新规定，这件事情不是那么简单，我可不敢疏忽。

从我和一年级到四年级学生的讨论中，我得到两个结论：第一，这个规定是必需的；第二，它需要在孩子学前阶段时就实行。就像一个四年级的女孩说的："他们很乖，也信任你，会遵守你的规定。"既然这样，为什么我不让高松国的校长试试新规定呢？理由很明显，我不能只让她成功而自己却失败。

"我是你的朋友啊，雷蒙德。"喜鹊说，"比阿特丽克斯，你呢？"

小魔女跳起来，她抓着雷蒙德的手说："我当然是。你要和我玩扮演的游戏吗？"

喜鹊对比阿特丽克斯的建议感到很高兴："你喜欢假装什么呢，雷蒙德？"

雷蒙德没有回答。过了一阵子他说："喜鹊，我常常假装我是迷路的龙要去找爸爸。"

比阿特丽克斯高兴地拍手："在你的游戏里有没有坏龙？我最想当坏龙。"

"有啊！喜鹊，你来当爸爸。我要在坏龙偷取魔法前找到你。"雷蒙德抬起头来，看到安娜贝拉和亚历山德拉跑过来。

"你在这里干什么，雷蒙德？校长叫我们来找你。"

比阿特丽克斯正在地上爬来爬去地吼着。她骄傲地说："我们在和雷蒙德玩。他是一条迷路的龙，喜鹊是他爸爸，小龙找不到爸爸。我是坏龙。"

两个女孩也想玩："雷蒙德，我们当你的姐姐好吗？"

雷蒙德犹疑了一阵子，他不知道可不可以信任这两个人。但是一想到喜鹊是她们的朋友时，他放心地说：“可以。你们要这样蹲下来，这样叫，生气时要嘘嘘叫，像仙女打鼾一样。”不久，小公主们都在地上爬来爬去，对着看不见的敌人怒吼，大家都学雷蒙德的动作。

没有人注意到卡里姆王子的到来，他把篮子放在孩子们的身边，然后气喘吁吁地说：“哦，你们找到他了，校长说大家今天对你很凶。但是，雷蒙德，你现在看起来很好啊！我带来一些茶点。来，来，来，把这块桌布铺在一块石头上。喜鹊，你今天有没有故事要讲给我们听啊？”

雷蒙德一听到喜鹊会讲故事吓了一跳：“什么样的故事？都是真的吗？”

喜鹊抖了一下他的翅膀，然后看着雷蒙德说：“你自己判断吧！我想今天我要讲小龙的故事。”

雷蒙德藏不住他的兴奋说：“你在学我吗？”

"是啊！让我再喝一点点茶，再多想一点儿故事。"过了一会儿，喜鹊开始了。

从前，在陆山岛有一条小龙。他爸爸希望他成为一个凶猛的战士。每一天爸爸都讲有关战争的故事给他听，还教他如何喷火。他四岁生日的那一天，爸爸对他说："孩子，你现在已经长大，可以出去作战了。我们要跟那些蓝峰龙作战，他们要把水从我们的山里引出去，因为他们的河川已经没水了。"

小龙笑起来："爸爸，让他们来拿水吧！我们有很多水啊！"

他爸爸从来没听谁说过这种话。不过，他还是决定马上让他的儿子去作战。可是当他们来到战场看到敌人时，小龙却拒绝喷火。“我命令你喷火！”他爸爸大叫，小龙只好听龙爸爸的话。他深深地吸了一口气，然后用力吐出来。可是，没有火，只有一阵粉红色的烟把他带到天上。“下来啊！下来啊！”爸爸一直喊。但是黑色的云把山罩住了，天空完全看不见了。

爸爸跪下来开始哭。不久，一条蓝峰龙走过来说：“我可以到你们那里去喝水吗？”

“好啊！反正我的孩子都不见了，还要这些东西有什么用？”蓝峰龙喝了一口水，云就散开了。一道彩虹弯到山头，把他的儿子带回来了。

“这是梦吗？”他的爸爸很怀疑。不过，他知道他需要改变以前的做法。

"来吧！你可以到我们的溪里饮水。"他告诉他的邻居，"我的孩子要我们当好朋友。"

故事一讲完，雷蒙德站起来就走。安娜贝拉问他说："你要去哪里？你不想玩了吗？"

小男孩自言自语地说："我要回家了，我叔叔在等我。"说完，他就消失在森林里。

打开心门并不难

萨拉和我不相信教室里的改变竟是这么顺利和直接。新规定已经实行了一个星期，只有几起零星的事件发生，不过很快就解决了。“不可以说：‘你不能玩！’”这个规定就像一个带我们逃离陷阱的梯子。排斥别人的现象还是有，不过，有人会说“你忘记新规定了”，要不然就请老师来。啊！丢掉无所适从的重担真好。

我记得十几年前放弃“思过椅”（time-out chair）时的感觉就像这样。萨拉笑我说，我用八个字来代替教室里不停的争吵，只是为了保护自己的嗓子。但是，我觉得把放弃处罚孩子比喻成逃离陷阱是很合适的。每一次我提醒孩子们这个规定的存在，他们的配合度都很高，很像期待被人拯救出来一样。从何处救出来呢？也许是从犹豫不决的困境中吧！就像放弃"思过椅"让我从处罚孩子的难题中逃离一样。

莉萨继续当班上的晴雨表。有时提醒大家这个规定的存在，有时却在某种情形下又想劝大家恢复从前的样子。她担心一旦失掉控制权就无法保持自己的地位。她对日常生活中没安全感这件事，比别人敏感多了。

"现在辛西娅比较喜欢玛丽，不喜欢我。"在去往体育馆的路上，莉萨埋怨说。

"她们不让你玩吗？"

"也没有，但是每一次我自己玩时，她都跟玛丽玩。我觉得她们两个比较好。"

"我相信辛西娅仍然是你的好朋友。"

"我不知道辛西娅那么喜欢玛丽。"她耸耸肩说，"我以前不知道。"

"你希望辛西娅只跟你玩吗？"我温柔地问她。

"我只希望辛西娅喜欢我多一点儿。"

"你想要加入她们的游戏吗？"

“她们在画图，我不想参加。后来克莱拉想和她们一起玩，她们最先不肯，后来威尔逊老师提醒她们新的规定。”

“你一定觉得很开心。”

“是有一点儿。不过我还是比较喜欢没有这个规定。”

我搂住莉萨的肩膀，“我知道你和克莱拉的感觉不一样。我觉得她比以前快乐。这星期以来，她几乎没有躲进过她的小角落。安吉洛说他比较喜欢新的规定，他爸爸也是一样。”

莉萨睁大眼睛，很客气地说：“我可以说吗？我们可以稍微改一改这个规定，只要一点点。如果你真的很想很想玩，你就只能照那个当老大的人说的话去做。他叫你怎么玩你就怎么玩。”她把当老大这件事认为理所当然。究竟要多久才能去除“老大”这种观念呢？一个四年级，自认为是老大的女生，觉得这是问题的根本。她告诉大家说只要去除“老大”的观念，新规定就有希望。

莉萨一蹦一跳地跑在前头，然后她又转身过来牵我的手：“我知道喜鹊喜欢新规定，对不对？他很好，他会告诉校长的。”虽然我不像喜鹊那么好，我也喜欢新的规定。每一次，除去了让他们不高兴的因素，班上就变得更好一点儿。连带的，我们也觉得很了不起。我们可以大胆地假设，孩子们和我们的感觉是一样的。假如五十五年前，我念一年级的时候，大家能对那个常穿同一件衣服的胖女孩好一些，我想我的压力就不会那么大了。

这些不友善的事总让我想起"思过椅"。这个东西让孩子很难过，因为坐到"思过椅"上就不能再跟大家一起玩了，我也因此很难过，这让我觉得自己是一个无能的老师。我相信教室里的每一个人都很没有安全感。这些情绪表现出了多种有害的形式，而形式上的不同则取决于情绪的主体是老师还是孩子。我们都是从同一块布剪下来的。"思过椅"是我处罚孩子的办法。"你不能玩"是孩子处罚孩子的方法。如果我的方法不对，孩子的方法也同样是错的。现在，教室里的陷阱又减少了一个。

第二天放学的时候，两个女孩在去往森林的小路上找喜鹊。"喜鹊你在哪里？"她们一路跑一路叫，然后停在一块大石旁。喜鹊和比阿特丽克斯常在这里见面。“喜鹊，比阿特丽克斯，有人在吗？”

“你们在高兴什么？”比阿特丽克斯从树后探出头来。

女孩们松了一口气：“太好了，是你，比阿特丽克斯，我们来找雷蒙德。他今天没上学，我们想喜鹊应该知道他在哪里。”

“是呀！不过你们在这里是找不到他们的。安娜贝拉，他们跟你爸爸在一起。走吧，我带你们去找他们。”

当比阿特丽克斯和孩子们来到小茅屋时，喜鹊和王子正与雷蒙德谈得起劲。“对，王子的话讲得很对。”喜鹊正在说，“一点儿问题也没有。”

王子接着说：“宝贝，你一定要好好地想一想。想想你的母亲，如果她知道你住在山洞里的话，她会怎么说？”

“你和你叔叔住在洞里吗？”安娜贝拉问雷蒙德。

“我骗你的！我以前是跟他住在一起，不过我偷跑出来了。"

孩子们吓了一跳："偷跑出来？"

"因为他不让我继续找我爸爸。大家都说我爸爸死在战场上了，但是妈妈和我知道他住在一个地方，也许是监狱，所以他不能来看我们。"

王子搂住雷蒙德的肩膀说："安娜贝拉，我在劝雷蒙德搬来和我们住。他母亲生病了，所以他被送去跟叔叔一起住。我想他妈妈一定不放心雷蒙德一个人住。你赞成吗？"

安娜贝拉高兴极了："雷蒙德，你会喜欢的。爸爸很会做菜，他还会告诉你有关鸟儿和树木的事情。"

王子谢了他的女儿，然后接着说："还有，你可以帮我整理花园。我想建一堵石墙，如果你能搬进来，那真是帮我一个大忙。"

雷蒙德说："如果是这样，那我很高兴搬来和你们住。你们对我太好了。不过，喜鹊，现在我得做一件事。”他越讲越兴奋，“你得带我到你的故事中，龙住的地方，那个叫陆山岛的地方，我在梦中看到过两次。真有这个地方吗？”

喜鹊吓了一跳：“是有这么一个地方，它在银海和大沙漠之间。一个月前，我和王子还有安娜贝拉来高松国的时候还经过了呢！你真的梦到它了吗？”

突然间，大家都静下来听雷蒙德说：“在我的梦里，有一座山比较暗，灰灰的，不像其他的山那么亮。在那里，有一个影子，看起来像我爸爸，他好像是在笼子里，还有长尾巴的动物看守着他。”

安娜贝拉跳起来：“喜鹊，就是那些龙。橘花小矮人告诉过我们，他们说这些龙是迷路的龙。”

喜鹊抖一抖又拍一拍翅膀，虽然他努力想保持平静，但是在每次新的冒险前他总是这样：“我不知道你梦中的景色是不是我们看到的。不过，卡里姆王子，如果可以借用你的马车，我和雷蒙德就出发到陆山岛去。其实可能有七座山呢！"

卡里姆王子一面皱着眉头，一面揉着下巴说，"嗯，你会驾马车吗？"王子有点儿怀疑地问。

"哦，我会的。"雷蒙德急切地说，"我叔叔教过我怎么安抚马儿，平时都是我帮他驾马车的。"

王子一言不发地看着雷蒙德。然后，他微笑地握着雷蒙德的手说："好吧！就这么办。如果要搭船的话，现在就得赶路了。我来准备三明治，你们就可以出发了。"

比阿特丽克斯一直很安静，现在她开口讲话了："我也要去，说不定你们用得上我的魔法！"

安娜贝拉也开口了："喜鹊，我看还是让比阿特丽克斯跟你去好了。记得那里又暗又可怕吗？如果迷失的龙真的住在那儿，比阿特丽克斯的小飞蛾和蓝莓树也许帮得上忙。"

大家都同意比阿特丽克斯一起去。出发前，雷蒙德先向大家告别，然后一个人跑到洞里。他拿了几罐肉罐头和一些苹果装在背包里。回到小茅屋后，他把在船上做的坏事告诉了大家。

“我偷了食物。”他伤心地说，“我偷跑到船上时，没东西可吃。所以我拿了一些面包、奶酪和六罐肉罐头。每一次，我看到这些东西都会想起自己当过小偷，好可怕。现在，我可以把这些罐头还回去，船长也许会接受我的苹果作为补偿。”

大家都为雷蒙德感到骄傲。喜鹊说：“你真是一个勇敢的小孩，要承认自己做错了可不是一件容易的事，这件事是我们此行的一个好开始。比阿特丽克斯，你说对不对？”

比阿特丽克斯并不怎么赞同喜鹊的看法。她对雷蒙德笑一笑，转变话题说：“对了，如果找到你爸爸，我们怎么称呼他呢？”

雷蒙德第一次在新朋友面前提到爸爸的名字，觉得很骄傲，“你就叫他‘皇家士官汤先生’。”

五年级的学生一开始就说我的计划也许会成功，不过可能会遭遇许多困难。"他们要适应很久吧！"一个叫雷切尔的女孩说，"现在很多人会说不可行，不过时间久了，就会被洗脑，他们也会说可行的。"

"有时候也不见得，比如说我和我爸爸在公园玩捉迷藏，有个小孩子放学回家经过，他也想玩，爸爸也许会说不行，因为感觉不太对。"

"那是你和你爸爸的私人时间。"

"对啊！有时跟朋友的感觉也是一样。"

我说："没错，大家都会同意你的看法，自己的时间当然有选择的自由，但是，教室是公共场合还是私人场合？"

一个男孩说："如果他是你的好朋友，你可以邀请他去你家。我觉得教室是公共的地方。你的新规定很好，只是大家要很久才能适应。你一定要从幼儿园开始做起。我还记得上幼儿园时，有小朋友叫我走开。我还记得读低年级的时候在学校里发生的很多事，大部分是不愉快的。"

他旁边的一个男孩说："但是你不可能一辈子都没受过别人的排挤，所以不如早点儿有经验。照你的方法，孩子们会以为天下太平，而那不是真正的人生。”

“也许我们的教室可以比外面的世界好一点儿。”我说。

“但是这样当你被排斥时就不会那么难过。”他坚持。

“不错，但做老师的我很困扰，常常是同一个孩子每年都要忍受被拒绝的痛苦，别人的行为让他们觉得自己像陌生人。”

“我想这个规定可以在幼儿园里实行，因为规定在幼儿园是一件大事，我妹妹就很喜欢规定。但是一长大，有些人就不在乎它了，你得凶一点儿才行。”

雷切尔摇着头：“我还是觉得一旦习惯了，就行得通。就像系安全带。”大家笑了起来。“真的，我哥哥小的时候，我爸爸妈妈不把它当一回事，现在要他系上，他就要争半天。但是我和我弟弟想都不想就会自己系好。”

另一个女孩说：“我赞成雷切尔的话，人是可以被训练成好人或坏人的，或者既是好人也是坏人。就像我们一样。”

孩子们开始七嘴八舌地讲以前发生的种种被排斥的事情，我也注意到并没有人说自己排斥别人的事情。

一个男孩说：“我在幼儿园时，女孩子不让我参加她们在娃娃角玩的游戏。我觉得很难过，因为我真的想玩。我不知道她们是不让男孩参加还是不让我参加，只记得她们一直叫'不要男孩子！不要男孩子！'很奇怪。"

班上的氛围变得很严肃，他们不觉得男同学想玩娃娃这件事好笑，而是觉得有些尴尬。我说："对了，你们是第一个认为这个计划可能成功的年级。我跟越高年级的孩子讨论，就有越多的人认为这个规定很公平，但是行不通。大家普遍觉得友谊重于公平，大家认为我的计划是破坏友谊。"

一个身材高大的黑人孩子举手发言："你记得我吗？上次你有事，我到你的班级去带孩子们上音乐课，你们正好要结束讨论。有个小孩想当战士，但是另外两个男孩说他得当坏人，那个小孩就躲进了他的小角落，拒绝出来玩。"

"哦，对了，那很可能是安吉洛，或是纳尔逊。他是白人还是黑人？"

"是白人。"

"那就是纳尔逊了，他很伤心。我想这种事可能不会发生在五年级。"

"是的。但是如果老师强迫你和别人玩，那就更难过了。"

有人喊着说："对啊！去年有人不肯让我玩，老师说既然他们让别人玩，就得让我玩。我站在那里，听我的朋友和老师辩论，那才尴尬呢！"

"你的朋友？他们是你的朋友？"

"是啊！朋友间也会发生这种事的。总之，后来我就加入进去玩，然后我们就吵起来。我的朋友好几天不跟我说话。"

有个男孩子同意他的说法："是啊！有时候一个不是和你特别好的朋友要和你同组，你骗他说你已经有伴了，然后你再去找你的朋友。"

"那个人知道吗？"

"有时候知道，有时候不知道，反正假装一下就是了，没有人像那个想当勇士的小孩那样。"

地毯的另一端，有个鬈发的男孩子已经举手好一阵子了。"佩利老师，'不可以说："你不能玩！"'是不是你发明的规定？"

他的问题让我觉得既惊讶又好笑。"不是，我没有发明这个规定。我只是用字表达了一个观念。其实这个观念很早就有了，圣经上也提到过：'和你们同居的外人，你们要看他如本地人一样……'"

在一片静然中，我念了《利未记》中的一段话。孩子们似乎被我的反应给吓呆了。我继续说："当我第一次念这段话时，我并不知道自己用得上这句话。那不是你马上能想得到的。"

下课的时间到了，可是孩子们还是一脸茫然。"最近我渐渐明白，虽然一开始我们上学时彼此都是陌生人，不过有些人向来不容易被别人接受，而大家也觉得他们是不同国的，他们没有受到足够的欢迎，这是我们大家的责任。"

第二天上课前，露丝到教室来跟我谈。她就是四年级那个说女孩比较会拒绝别人的女孩。她问我说："你的规定实行得怎么样？"当我告诉她孩子们把规定视为当然时，她微笑着点头："我就知道她们会接受的，以前我在幼儿园时就是这样，我们最喜欢规定了。老实告诉你，我也用得上它！对了，老师，这个规定是从哪里来的？"

"露丝，有一个五年级的男生也问我同样的问题。我是把圣经的一段话：'和你们同居的外人，你们要看他如本地人……’改变了一下。”

露丝的脸变亮了，她跳了起来：“我知道，我知道，我们的祈祷书上有这一句话！‘因为你们在埃及地也作过寄居的’！”她陡然坐下来，红着脸，注视着我，好像她已经找到了答案。

船长接受了雷蒙德归还的肉罐头和赔偿的苹果。他严厉地对雷蒙德说：“你以后绝对不要再偷东西了。那是违法的行为。”当知道雷蒙德一行人要去陆山岛时，船长担心地说：“小心啊！你要去找爸爸是件好事，但那个地方很危险。”

雷蒙德想了一下，对喜鹊和比阿特丽克斯说：“我们最好快点儿赶路。”他们站在船的栏杆旁，和大副说话，大副也对雷蒙德说：“那座山布满了有毒刺的树丛和松动的山石，你应该等到明天早上再开始爬。”

但雷蒙德不想耽误时间，等他们把马车赶下船后，就快马加鞭地赶路了。他决定在天黑前到达陆山岛，但是无论他们有多快，太阳落下得更快。不久，月亮也升上来了，陆山岛的影子就在眼前。

雷蒙德把马绑好，坚决地说："我现在就要去！如果等到明天早上，我们被发现的概率更大。"喜鹊和比阿特丽克斯知道雷蒙德心急。雷蒙德把帽子压得很低，这样月亮就照不到他的脸，比阿特丽克斯也把自己变成一只飞蛾，他们三个就在雾里开始行动了。

这座山爬起来比大副所讲的还难。雷蒙德每爬几步就滑倒在湿漉漉的山石上，好像爬一步，退两步。他想抓住一些东西，以便稳定脚步，但是两手都被尖尖的刺扎痛了，不过他仍然一步步小心地向上爬。突然他小声地喊道："喜鹊，你看！那些黑影子，像不像一个人？"

喜鹊在山崖上停下来，比阿特丽克斯也变回原来的样子，以便拉雷蒙德一把。有一次雷蒙德差一点儿跌下去，比阿特丽克斯伸出两手，用尽所有力量，才把他拉了上来。“我来了，爸爸，我来了！”他一面喘气，一面叫。两脚一踏着平地，雷蒙德就跑了过去。

当雷蒙德跑到黑影子前，眼泪夺眶而出：“呜……喜鹊，那只是一堆石头，不是人，只是石头和矮树丛。”雷蒙德把帽子丢在地下，失望地痛哭起来：“我多么确信爸爸会在这儿，如果他不在这里，为什么我会在梦里见到他？”

他们都静静地坐着，大家都很悲伤。好一阵子喜鹊才开口说：“雷蒙德，当我还在蛋壳里的时候，我被遗失了，比阿特丽克斯发现了我，并且成为我的朋友。所以，每一件遗失的东西，都有找到他的人。虽然我们不知道在哪可以被找到，但我们得振作起来！”

比阿特丽克斯急着要继续找，所以又变成了飞蛾，飞到另一边去找。不久，从浓雾中传来她沙哑的声音：“嘘！快来这儿！”听起来好像不敢呼吸。

雷蒙德赶紧跑过去，顾不得尖尖的刺扎进了衣服。他在山崖边跑着，一直到喜鹊面前突然停了下来。他们三个都看呆了！在他们的前面，一群睡龙互相缠绕着，看起来像一只巨大的动物用尾巴把自己绕起来。他们的低吼声、打鼾声、呼吸声从一边传到另一边，不时还有火花冒出来，把整个夜晚都照亮了。

在这恐怖的景色中央有一个铁笼，一个红发的男人蹲在里面，头靠在膝上。"爸爸！"雷蒙德不由自主地喊了出来，他的叫声把睡龙吵醒了！

我把故事本合起来。孩子们还是全神贯注地向前倾，好像要我继续再读一样。是不是这一段故事太吊他们的胃口了？也许多一两页可以让故事在叙述上结束得比较和缓。我正在考虑是否继续念下去时，纳尔逊抱怨说："这对雷蒙德不公平。"

"因为有龙吗？"

“不是！是那些孩子太坏了。”

纳尔逊还在想教室里的那段情节，其他的孩子也跟着说：“不公平！不公平！”看起来好像我应该先解决雷蒙德在教室的问题，不应该那么快地跳到寻找爸爸的情节。那间颇富诗意的小学校对雷蒙德来说并不怎么好玩。

孩子们一定察觉到我故事中少了一些东西。在学校里，老师怎么可能让泪流满面的孩子跑走呢？“校长有没有定那种规定？”莉萨问我，但我避开了她的焦虑，只是含糊地回答说：“也许她还没想得那么周到。”

最重要的是我自己还没准备好。新的游戏规定有可能在高松国很成功，但在我的教室却行不通吗？这个问题现在还有待进一步讨论。孩子们希望雷蒙德在学校能受到新规定的保护，然后才去救爸爸。进一步说，我觉得无论存在怎样的退缩和坚决反对，孩子们其实很希望自己能像雷蒙德一样受到这个新规定的保护。

“你说得很对，纳尔逊。”我说，“雷蒙德也许因为不能去找他爸爸感到太难过了。校长必须要做点儿什么了。吃过午饭后，我会把故事改一改。”

吃饭的时候，我并不多话。孩子们也许了解我的心情。他们把所有问题和打开酸奶盒这样艰难的任务都交给了萨拉。吃过午饭后，我重新把故事讲一遍，一面讲，一面编。我是从卡里姆王子邀请雷蒙德来住的那一段开始的。这时雷蒙德还没有梦见爸爸，也没有请求喜鹊带他去隐形山。

雷蒙德从自己的孤零零的山洞搬到安娜贝拉家的茅屋去住。他觉得能跟对他好的人住在一起真好。

不过，在学校里，除了安娜贝拉和亚历山德拉，他还是没有其他的朋友。小孩子们都有自己的朋友，所以也不急着要和雷蒙德交朋友。他们常说以后再跟他玩，但是却一直没这么做。

有一天孩子们在踢球，雷蒙德以前没有玩过这种游戏。对一个离家出走后独自住在森林中的孩子来说，学习新事物是很困难的。雷蒙德问孩子们他可不可以玩。

安娜贝拉说："当然可以。"

彼得说："不行，他不可以玩。是我先开始玩这个游戏的，现在人数已经够了。"

安娜贝拉和亚历山德拉生气地说："那我们也不玩了！"

彼得不甘心地说："好吧！好吧！"但是过了不久，彼得看到雷蒙德没接到球，这又令他改变了主意。

"算了，算了！"雷蒙德怕自己破坏了游戏，就跟安娜贝拉和亚历山德拉这么说，然后跑到菜园里去拔杂草。校长刚好站在那里。

她对雷蒙德说："那不是你的错，放学前我们得讨论一下。"

吃过午饭，校长把大家召集在一起，讲了一个故事：

从前有一只袋鼠妈妈和她的小袋鼠搬到我们的森林里住。当他们到达的时候发现松果很好吃，大人们也很友善，但是小孩子们并不想和小袋鼠一起玩，因为他们从来没有看过袋鼠，也不喜欢袋鼠用后腿跳来跳去的样子。

"我们会跑，会跳，会滑，会飞，但不会用后腿跳。"孩子们讥笑小袋鼠，甚至小熊也忘记了自己伤心的经历（有一次他因为被其他的熊赶走而大哭）。

"妈妈，我们离开这个森林好吗？"小袋鼠说，"没有人要和我玩。"

"我和你玩两人三足的游戏好不好？"妈妈温柔地说。

"谢谢妈妈，不用了。我想和同学们玩。"第二天，他试着表演他最拿手的节目来引起同学们的注意。他跳得很高，跑得很快，又翻跟头。但是其他的人看了，掉头就走，各自去玩他们的游戏。小袋鼠坐在松树下哭了起来。

孩子们看到他哭，都跑过来看。小熊问他说："你怎么了？"小松鼠说："你受伤了吗？"大家都跑过来，靠近小袋鼠。他们发现小袋鼠哭的样子和他们一样。

小袋鼠揉着眼睛说："没有人和我玩。"

"来！来和我们玩。你要不要玩寻宝的游戏？"小袋鼠很高兴。他回去后告诉妈妈，妈妈觉得有点儿奇怪。为什么动物朋友们要等到小袋鼠哭了以后才跟他玩呢？

校长讲完了故事后问小朋友说："你们知不知道这个班上有个人也很寂寞？"

安娜贝拉和亚历山德拉看着雷蒙德，但是彼得说：

"我们都是好朋友，没有寂寞的人啊！"

雷蒙德忍不住说："我，我就是校长说的那个人。你们从来不问我要不要玩。"

彼得愣住了："安娜贝拉和亚历山德拉经常跟你玩啊！"

亚历山德拉说："雷蒙德是我们的朋友，但是他也要有其他的朋友，你们都不跟他玩。"

彼得不赞成这种说法："亚历山德拉，你自己呢？自从安娜贝拉来了以后，你只跟她玩，还有跟雷蒙德玩。昨天我要和你们玩龙的游戏，你说你们的人数够了！"

校长笑着说："我觉得别人不要我们时，我们都很难过。我们需要有个规定来提醒大家。"

"我才不要什么规定呢！我会记得小袋鼠的故事。"

但是校长摇头说："只有故事还是不够的。"她拿出一支粉笔，在黑板上写着——不可以说："你不能玩！"

孩子们对我改编的故事觉得很满意。下课后，他们高兴地排着队。现实和故事之间有了相当程度的平衡，校长说得很对，光靠故事是不够的。我们小的时候，需要有一些规定，这样我们才知道什么可以做，什么不可以做。大人需要早早让孩子知道故事中所传达的那些信息，在生活中是用得上的。

“明天我们会回到雷蒙德去的那座山。你们还记得最后讲到哪里吧！”

有人说：“龙醒过来！”

“是的，不过，雷蒙德并不怕！”我注意到安吉洛靠得我很近。

“现在那些人都是雷蒙德的朋友了吧？”我还没来得及回答，他已经跑到查利的前面去排队了。

那一群睡龙慌张地醒过来，大家乱成了一团。他们看了看红头发的雷蒙德，又回头看了看笼子里的男人，好像是在好奇怎么又突然冒出一个红头发的物种。喜鹊从暗处告诉雷蒙德说：“别怕，他们还没看见我和比阿特丽克斯，我们会想办法的。"

雷蒙德并不害怕。他用力推开龙围着的圈子，正要停下来的时候，他父亲讲话了："这是我的儿子雷蒙德，他是从阳光王国被征召来的。他看起来像是危险的人吗？当然不是，来吧！朋友们，如果你们愿意跟我来，我一定会带你们穿过浓雾，到一个有温暖阳光和丰盛食物的地方。"

龙一听到"穿过浓雾"时怕得发抖，并且开始念道："雾之神，火之神，帮我们战胜死神。"

他们之中的一条龙，把雷蒙德轻轻地举起来放在笼里。"火神卫士啊！我们欢迎你的儿子。"另一条龙把火吐在一堆树枝上，不久就成为一堆熊熊的大火。这群龙绕着火堆，伸展着身体取暖，一面发出快乐的叫声。

雷蒙德的父亲把他抱在怀里。"儿子啊！你来这儿做什么？"他悲伤地问，"你是怎么找到我的？你为什么没和你母亲在一起？”

雷蒙德紧紧地靠着父亲，对父亲的问题他只是一再地说：“我和妈妈就知道你还活着，我们就知道，我们就知道！”

“是的，孩子，不过，现在我们两个人都在龙的看管下了，我从没想到看到你的时候我会伤心。”爸爸泪流满面地说。

雷蒙德小心地偷看四周，然后小声地说：“爸爸，我不是一个人来这里的，我还有两个朋友躲在黑暗里。喜鹊是只鸟，比阿特丽克斯是个小魔女。他们两个都很聪明，我相信他们可以帮我们逃离这里。”雷蒙德握着爸爸的手，深深地看着他：“爸爸，这些龙会杀死我们吗？”

爸爸笑了起来：“杀死我们？那绝对不会，他要留下我们。当他们看到我的红头发时认为我是火神，会保护他们的。我本来是到这里寻宝的，没想到会发现这些被人遗忘的动物。他们很害怕我离开他们。他们从来没有看过太阳，也相信只有浓雾和烈火才能使他们远离恐怖的外界。"

说着说着，两条龙端来一大盘野香菇和浇上黄色浓汁的松饼。"这些是依你吩咐做的，火神卫士。你要喝茶吗？"雷蒙德的父亲谢过两条龙，并请他们带来两杯清汤，龙马上端过来。他向雷蒙德解释说："这儿有各式各样的香菇，他们有几百种煮香菇的方法。这些龙真懂得做菜！不过，很可惜，就只有香菇而已，因为没有多少东西可以在黑暗中生长。如果他们有机会吃外面的东西，他们可能会觉得外面的世界很有趣。"

"那么蓝莓怎么样？"有一个很镇定的声音传过来，把汤士官吓了一跳。

"谁在说话？"他急切地问。

雷蒙德用手指压着嘴唇说："嘘！那是比阿特丽克斯。她在你的衬衫上面。你看到那只飞蛾了吗？"雷蒙德看到父亲困惑的样子，不禁笑了起来："比阿特丽克斯，跟我父亲打声招呼吧！"

飞蛾静静地停在那儿，她不知道龙会不会吃小昆虫，于是小声地说："皇家士官汤先生，真高兴见到你。"她接着说："如果我变出一棵蓝莓树，那些龙会怎么样？"

汤士官看着衣袖上的飞蛾："你真的能吗？一棵蓝莓树？算了，算了！能变飞蛾的人一定能变出蓝莓树。只是不知道蓝莓的味道对这些龙会有什么特别的影响？"

雷蒙德一面吃香菇，一面想着比阿特丽克斯的魔术和喜鹊。突然间他大叫："喜鹊，喜鹊！快来这里！火神卫士有紧急的事，就是有关蓝莓的事。火神的皇鸟啊，快来吧！我们需要你的故事。"

高年级的小朋友偶尔在学校里碰到我的时候，也会提一些意见。在图书馆，一个五年级的学生告诉我说："如果我们班有人因为这个规定被处罚的话，他们一定不会在乎的。"

她的想法让我很惊讶，"这种规定，没有什么处罚不处罚。如果你不依照规定来做的话，你就只需要对规定再多想一些，多谈一些。这个规定不是用来处罚人的，而是保护人的。"

我很感谢这个女孩子，她的话使我觉得需要对这个规定再多作些解释。"不可以说：'你不能玩！'"不像那些不准你破坏学校设施或打人的规定。这些行为是很少公开讨论的。"不准××"是一种禁令，不必多说的。

我们的新规定不一样，它提供给我们的是用一种实用的角度来审视我们自己的行为。为什么不直接说"不要对别人太坏"呢？其实，我们平时也常说这句话。而新规定却是对具体而又广泛的"坏"的例子加以检验，并形象化地利用游戏这种形式来实现。因为游戏是孩子们最在乎的形式，游戏中各种明确的语言和行为，特别是负面语言和负面行为，都特别容易被孩子接收，也传递着最大的意义。

从图书馆回到教室的路上，莉萨对我抱怨说："辛西娅对我不好。”她常用这句话开始与老师们的谈话。因为莉萨也常常对别人不好，并且很重视用词和解释，所以萨拉和我都很仔细地听她所讲的每一个细节。“我给她看我的新皮包，辛西娅就说‘有什么了不起。我有几百个这种皮包。’”

“听起来真的很不友善。”

“那算不算违反规定呢？”她有些怀疑。这倒是个好问题。那些随意的无礼和冒犯是不是暗示着“我会进一步打算不让你一起玩”呢？现在，我们有一个规定，每一件小事都可以放在这个规定下来检视。

我把辛西娅和玛丽叫到桌子这边。莉萨再次重述了她不高兴的原因：“你让我很伤心。你也常叫玛丽不要跟我玩。”

辛西娅很耐心地解释：“有时候我想和莉萨玩，有时和克莱拉，有时和玛丽，所以我跟莉萨说明天再和她玩。”辛西娅觉得这样的安排没什么不对。她是在分配独立的、平均的游戏时间。

“这看来好像并不太符合规定。”我指着教室的标语说。

“但是，我跟她们玩了啊！只是不同天而已。”

她这么说是想要让围在我们四周的人印象深刻。孩子们喜欢听别人讨论新规定。我问他们："你们觉得辛西娅的说法怎么样？在不同的日子和不同的人玩，就等于是跟大家在同一天一起玩吗？"

正当大家思考这个问题的时候，莉萨抗议说："但是今天就是你和我玩的日子。"她想了想，又说："反正那是不合规定的。"大多数的孩子也同意这个说法。

"辛西娅，你的计划很复杂，比我的规定还复杂。照我看来，你的计划等于强迫那个和你玩的人不和别人玩。"

她不是很确定我的说法，但补充说："莉萨，我说错了，看，我奶奶刚刚给了我一个一样的新皮包，所以我有很多皮包，但是我也不知道现在一共有多少个！"莉萨和我都对这种说法感到很满意。每一次我们在分析这个规定的逻辑的同时，我们也反省自己行为背后的逻辑。

当天下午，角色颠倒了。辛西娅向我告状说莉萨对她不好，因为莉萨跟玛丽和希拉说悄悄话，不让她听。这样算不算违反规定呢？我说是的。说悄悄话跟不让别人玩是同一个道理。我们需要在班上讨论，同时我得与辛西娅讨论另一件事。"广子刚刚从厕所回来，她很生气。她说她上厕所时你和莉萨一直笑她，说她很臭。”

“我们不知道她在那里啊！”停了一会儿，她接着说：“是莉萨说的。我只是笑了几声而已。”这时候莉萨和广子都走了过来，这件事要重新再讨论一次。

“你们让广子很伤心。你们这样做和告诉别人说‘我们不喜欢你’是一样的。这也和辛西娅说‘小皮包有什么了不起’一样伤人。”

莉萨正经地看着我，她说：“那可不一样。”其实莉萨知道这两件事还是有关联的。她头脑很清楚，常常比较事情的异同，尤其是和她有关的事情。只有莉萨会问：“谁比较好，我还是比阿特丽克斯？”

所有的小朋友都会用很客观的角度去讨论新规定带来的好处。不过，经常为新规定争论的莉萨、辛西娅、查利和本，也常常让我们有机会去讨论这个新规定。尤其是莉萨，她随时都可以确认她不喜欢谁，这让我们有更多机会去思考哪些行为方式会让人感受到不被喜欢或不被需要。更重要的是，莉萨比任何人都更好地向我们展示了当你喜欢一个人的时候，不管是短暂的或是永久的，你应该怎么做。

第二天，刚好她和广子都带来家长的签字，她们被要求下课时留在教室里。莉萨对广子说："假装只有我和你住在一个美丽的古堡，它是用黄金和钻石做成的。"

广子又惊又喜。她小心地踏进莉萨用积木围起来的地方。"然后假装我们听到一阵声音，是魔鬼来了！快点儿，快点儿。"莉萨压低声音说，"魔鬼来了！这个古堡没有门，魔鬼跑不进来，但是我们有魔法，我们出得去。"

广子问："只有我们有法力吗？"

"是啊！只有我们两个有。假装其他的人都还没生出来。"

珍妮弗跑进教室："威尔逊老师说我可以进来。"莉萨像皇族一样地迎接她。

"哦！又有一位小公主出生了，她也有魔法，她刚才从蛋壳里跑出来，从隐形门进来。珍妮弗，快！这儿没有门，魔鬼不会抓到我们的。"

这应该是莉萨第一次邀请广子或珍妮弗一起玩。虽然没有其他的人在场，但那不重要，重要的是这些女孩子原先都是莉萨最不喜欢的人，这证明了我的观点：排斥别人是一种会逐渐增强的习惯，而遭到排斥的人的身份并不是主要障碍。

莉萨的古堡为我提供了最形象的比喻。那些准许孩子们排挤别人的教室，就像莉萨那没有门的古堡，古堡内的人都拥有法力，而被拒于门外的那些人，都像是人人讨厌的魔鬼。

而我那座看不见的山正好是相反的比喻。那群被抛弃的龙，又害怕，又脆弱。他们躲在浓雾里，不敢出现在光天化日之下，不知道自己像其他人一样拥有享受阳光的权利。喜鹊和比阿特丽克斯必须找出一种方法才能引他们出来。所以克莱拉也一样，她必须被带出隐藏的角落，走进黄金和钻石做成的城堡。城堡的大门会向所有要进入城堡的人敞开，我相信这种事会发生的，其实点点滴滴都在改变他们。孩子们已经知道，打开心门接纳别人比排斥别人容易得多呢！

> 喜鹊从阴暗中飞到笼子边，雷蒙德和父亲都在笼子里面。“皇家喜鹊听从您的吩咐。”他拉高了嗓门，声音像吹号角一样响亮。
>
> 当喜鹊展开翅膀注视着那群大龙时，大龙们吓得

一直往后退。这时候比阿特丽克斯躲到他的羽毛里，详细地告诉他可能遇到的困难。喜鹊摇动着尾巴，低下头来说："请您指示，火神卫士。"

雷蒙德的父亲也向喜鹊深深一鞠躬说："我的儿子很想吃蓝莓！你能讲个故事让他平静下来吗？"

"是的，遵命。"喜鹊开始讲故事了，"从前……"他一开口那些大龙就像中了魔法一样，都靠过来听故事。"从前，"喜鹊看那些龙安静下来，又重复说了一遍。

有一群皇鸟，他们的任务就是要把地球上最好的蓝莓采回来给皇帝吃。皇帝会一篮一篮地试吃，直到吃到最甜、最多汁的蓝莓，就会命令他的皇家厨师用这些蓝莓做出各式各样可口的点心。他常对皇家厨师说："来吧！试试看别人不曾做过的东西。”

每天，皇帝的桌子上都有各种各样的蓝莓派、蓝莓馅饼、蓝莓蛋奶酥，还有各种各样的饼干、松饼、油酥糕。随着时间的推移，点心变得更加奢侈，直到有一天，皇帝吃了一口巧克力蓝莓千层糕后大叫说：“这些蓝莓不新鲜！”

皇帝非常难过。他整天躺在床上，也不肯吃饭。皇鸟们特别为他从各地带来最新鲜的蓝莓，皇家厨师做出最好吃的蓝莓点心。但是，每一次皇帝都转过身子咕哝说：“不够新鲜。”

有一天早上，一条皇家养的大龙爬到皇帝的房间，悄悄地在他耳边说了几句话，皇帝的脸上终于露出了笑容。他从床上爬起来，跟着大龙来到花园，出现在他眼前的是一棵长满果子的蓝莓树。皇帝从来没有看过蓝莓长在树上的样子。

"哇！真正新鲜的蓝莓。"他抓了一把蓝莓放到口中。"新鲜啊！真新鲜啊！"他高兴得手舞足蹈。"来吧！皇鸟！御厨！从今天起，皇龙会帮我采蓝莓。"皇帝把皇冠戴在龙的头上，让他坐在皇帝的餐桌上，从此过着幸福快乐的日子。

喜鹊说完了故事，向大家深深地敬礼。随后，小飞蛾马上变成小魔女。她眨了三次眼睛，一棵蓝莓树就出现了。龙群真是吓呆了。他们闻着蓝莓树，大把大把地采下蓝莓吃，满足地舔着嘴唇。不一会儿，蓝莓就被吃光了。比阿特丽克斯再眨了三次眼睛，另一棵蓝莓树在更远的地方出现了。当龙群吃完了所有的果子，在山脚下的浓雾中，又一棵蓝莓树出现了。突然间，龙群走了出来，站在了阳光下，他们眯起了眼睛看着明亮的天空和金黄色的太阳，一副不敢相信的样子。

比阿特丽克斯跑过去解救雷蒙德和他的父亲，然后，他们急忙赶到龙群站的地方。龙群问："我们在哪里？"雷蒙德的父亲指着阳光下的陆山岛说："在一个美丽的世界。你们想要的东西一直就在这儿等你，只要从大雾中走出来就看得到了。"

大龙们起先有点儿害怕。他们慢慢地走，接着就到处乱跑乱跳，彼此追赶着下山去了。雷蒙德的父亲说："小心啊！你们可以每天一点一滴地去发现这个世界，我们得回家了，家离这儿很远呢！"

龙群听到汤士官的话都跑过来说："请你留下来吧！"但是雷蒙德一行人只是向他们挥手说再见。

"抱歉，我不能再多留了，而且你们已经不需要魔法保护了。"

喜鹊飞到汤士官的肩膀上说："好朋友们，请答应我，你们有一天会碰到一群穿着橘色仙人掌衣服的小矮人，请对他们好一点儿，告诉他们，你们是喜鹊的朋友，也请帮忙保护他们不受老鹰的攻击。"龙群答应保护橘花小矮人，喜鹊才满意地飞去。

比阿特丽克斯坐在马车里等候雷蒙德和他父亲，他们一上车就高兴地往海的方向出发，喜鹊在上头带队。过了一个小时，喜鹊从云端消失了。他赶着去向卡里姆王子、安娜贝拉和亚历山德拉报告雷蒙德父亲获救的消息。

莉萨正在学习适应新规定。她通常会把一些她不想一起玩的人，尽可能地安排到古堡外的森林去住，但当她的意见不被接受时，她也会重新安排。她实在是一个了不起的孩子。最近她问我："我们是要一直讨论下去，还是讨论后就要照着去做？”我忍不住大笑：“是的，讨论后就是要去做的。”她点点头，接受我的解释。

克莱拉是少数几个不太能体会到新规定所带来改变的孩子，不过她现在正是受这些改变影响的人。克莱拉来到莉萨和辛西娅身边，这两个女孩用丝巾把山洞的洞口封起来，她们自己在里面玩。克莱拉设法加入，但是没有打断他们的游戏。

莉萨对辛西娅说：“假装我们是刚出生的老鼠公主。”

克莱拉说：“假装我是一只迷路的小猫遇到你们。”

“后来你在别的森林看到你姐姐，克莱拉，你就跑过去玩了！”

“才不呢！”克莱拉坚定地说，“我和姐姐看到有奶酪屑，原来是你们家的奶酪，我们就搬到你们老鼠家住。”

“不过，我们都跑了。然后我们看到金子，然后我们又跑到鬼屋去玩。”莉萨仍然觉得她能全方位地控制全局。只要她不把她们赶出去，其他的孩子就得继续听从她的指挥。

有个四年级的孩子提出一个很好的观点，他认为只要去除老板心态和老大思想就能解决排挤别人的问题。有好点子的人通常会有一些跟班，不过"老板"或"老大"这个词确实有问题，我们应该考虑用其他的词，因为用词不同感觉也不一样。明年我的规定就不是新的规定了，它只是一项规定。但如果孩子们不再用老板或老大，那才算大功告成呢！不过我真想知道他们会用什么字来代替。

现在，游戏进行得相当顺利，可一个令人始料未及的新问题却出现了——一个既让老师们混乱，也让孩子们受挫的新问题。就在新规定发挥作用的两周之后，规定本身发生了既简单又符合逻辑的"扩张"，这种扩张覆盖在讲故事和故事扮演这两种行为上时，几乎掀起了一场革命。

我怎么会知道孩子们讲的故事在设计和作用上要比游戏本身更加私人和不可侵犯？我也并不知道这些故事此时已经变成了一个孩子可以真正成为"老大"的为数不多的"阵地"。

这种情况在辛西娅的生日会那天被推向了白热化，莉萨当着辛西娅父母的面大发雷霆。"这不公平！我恨你！"她号啕大哭，"你答应过我的！"

辛西娅焦虑地看着她的父母，说："没有啊！我没有答应，我只说大概可以。”

莉萨什么也听不进去。她坐在地毯中间大哭大叫，一副难过的样子。辛西娅的父母搞不清楚怎么回事，而且很尴尬，母亲问:“怎么回事，辛西娅？”

“我不让她演我说的故事，所以她很生气。”辛西娅快哭出来了，“妈妈！我并没有答应她。有一次我在讲故事给佩利老师听，她一直烦我，我才随便说一说。”

“你可不可以让她在你的故事里演些什么？”辛西娅的父亲很客气地说。

“可是她也不让我演她的故事啊！”

“为什么？”

“因为她觉得我比较喜欢玛丽。”

“哦！”

眼看着生日会到这里就要中断了。我们让讲故事的人自己选人来表演确实会产生许多问题，现在我们不能再回避这件事了。但是，目前最重要的是如何帮助这两个女孩子不再彼此排斥。

“让莉萨当姐姐，好吗？”我悄悄地对辛西娅说，“这样才不会破坏了生日会，然后我再好好地跟你谈。"辛西娅马上就答应了，莉萨停止哭闹，大人也松了一口气。

然而这场骚乱的本质特征却突然变得明晰起来：教室里的"人权宣言"显然并没有覆盖故事扮演这个游戏。说故事的人拥有绝对选择角色的权利。虽然我们已尽力剔除游戏中排斥别人的机会，但孩子们仍然可以在演故事时拒绝别人。莉萨在生日会上发脾气这件事是一个危险信号，就像克莱拉在游戏时被"老板"排斥而哭着躲回自己的小角落一样。

第二天，我把这个问题提出来在班上讨论：

老师：威尔逊老师和我觉得我们需要用一种新办法来选人演故事。有些人虽然一直举手想演，但是如果不是老师要他们演，就没人理他们。

广子：玛丽老是当姐姐，我从没当过。

纳尔逊：我从没当过乌龟。

老师：我们可以从地毯这头开始一个一个轮流来演。

查利：但是那是我讲的故事，我才知道要谁来演。

老师：你老是选同一些人，查利。

安吉洛：我就从来没被他选中过。

威凯：但是我是不会说对不起的！只有我们在玩的时候打架、争吵或是有其他什么不好的事情时，我才会说对不起，然后说你可以在我的故事里扮演角色。

卡尔：没错，我甚至还选过纳尔逊在我的故事里扮演角色，因为一开始我不让他一起玩游戏，所以我说他可以演我的故事。

老师：我已经开始理解你们的意思了。我的新想法会阻止你们选择自己特别喜欢的人扮演故事里的角色。可是，当然，既然所有人都被允许参与游戏……

莉萨：我喜欢选人，我知道我要谁，不然讲故事做什么？

老师：以前你也说过，如果不是和你喜欢的人在一起，“那干吗玩？”但是现在你玩得更起劲。同样的，演故事也可以是这样。

辛西娅：不，不一样。因为我讲的故事里可能只需要某个特定的人来演。比如有时候就是莉萨，我知道那个角色只能莉萨来演。

老师：在你的生日会上莉萨没能在你的故事里演角色，她哭了起来。如果大家养成轮流的习惯，莉萨就知道她要等轮到她的时候才能演。

克莱拉：有时我只要莉萨演我的故事。

查利：那才不公平呢！那是我的故事。

本：对！那是用我的笔记本写的故事，我才应该说呢！

斯米塔：还是轮流演才公平。我常把手举很高很高，可是我都没选上，大家都选莉萨和玛丽。

莉萨：那我就答应斯米塔好了。我每个星期一都选不同的人好不好？其他日子想选谁就选谁。

老师：我知道要改变很难，我们还不知道新办法是不是能被接受，甚至高年级的同学都有点儿害怕。不过，你们已经让第一个新规定有了很好的结果，每个人都尽量跟更多的人一起玩。

珍妮弗：我才不要让我不喜欢的人演我的故事。

老师：我了解你的感觉，也许我太早提这件事了。不过，我认为既然在游戏时大家都可以一起玩，为什么表演故事就要选人？我们得先试试看。如果过一阵子没什么改善，那我们再恢复以前的办法。

莉萨：那我就不再讲故事了。

查利：我也不要。

有两天，莉萨和查利拒绝参加讲故事的活动。但是，后来就像没事人一样，又加入讲故事的行列了。奇怪的是，他们两人都讲了有关喜鹊的故事。

这是查利讲的故事：

从前有三条龙和一只喜鹊。橘花小矮人住在山里，他们对龙说："爬到山上去对着草莓喷火。"然后，比阿特丽克斯跟着喜鹊来了，大家就一起吃草莓。

莉萨听了查利的故事后说：

从前，比阿特丽克斯吃了小红莓，就得了水痘，龙叫安娜贝拉的爸爸医好比阿特丽克斯，安娜贝拉的爸爸叫她以后不要再吃这种有毒的东西。比阿特丽克斯病好了决定要去和橘花小矮人一起住。他们叫她比阿特丽克斯公主。

他们的故事吓我一跳，为什么？在对故事扮演规定的改变产生如此强烈的抵触之后，莉萨和查利竟然带着喜鹊的故事再次回到大家中间，而且他们所选择的角色都是模糊、没什么特别印象的橘花小矮人。很快我便发现，这些现象正渐渐升级为一种常规模式，而这种模式正围绕讲故事行为的本身逐渐具备更强的实验性和灵活性。

起初，在我们努力推行新的选角方法时，孩子们在已有规定下的执行状态是：如果轮到你表演，你是女生，而故事的角色是男生，那么，讲故事的人就必须把角色改成女生；或者，如果你想演别的，讲故事的人就必须加入一个你想演的角色；或是这次你不想演，那下次一定会有你。这些改变还可以被阐述成很多版本，但有一条规定却始终未被破坏过，那就是不管怎样，讲故事的人有权拒绝改变故事的内容。这也是大多数孩子都会选择的规定。

现在，一个新的现象出现了：孩子们不再找这些规定的漏洞，并且有完全不同的反应。如果他们不能改变角色，他们就会接受任何角色。刚开始，他们表现得怯生生的，但渐渐能坦然接受那些不受欢迎的角色，他们似乎想证明自己有接受挑战的勇气，以改变他们一贯刻板的形象。女孩会接受演男孩的角色，男孩会接受演女孩的角色，当然这不是每个人都做得到。不过，绝大多数的小朋友都愿意抛开枷锁，接受截然不同的角色。那些从不演坏人、巫婆、魔鬼等角色的孩子，现在都愿意尝试，而一贯扮演忍者龟的孩子们也同意扮演刚出生的小婴儿了。

这是怎么回事？也许在放弃支配角色的同时，讲故事的人也抛弃了别人对他的期待。换句话说，那些表演的人，不是因为个人喜好被选择，而是因为轮流的机会。他们用不着等待权威者的恩宠。

有一天，莉萨私下对我说："我还是不喜欢演故事的新规定。辛西娅和玛丽也一样。"

"不过，你却让我和威尔逊老师很高兴。"

"我有吗？"

"记得有一次轮到安吉洛表演，你需要一个爸爸的角色，你说'好极了，我才不要一个女孩来演爸爸'。你知道为什么我们很高兴吗？"

"因为你们喜欢安吉洛？"

"是的，不过现在他觉得你也喜欢他。以前，你总是拒绝和他在同一组玩数数看的游戏。"

莉萨马上想起那件事，"但是我把糖都给他了，而且我也没说难听的话。"

"我知道，莉萨，那时候你也假装不饿。但是，现在你看见他要演你老鼠故事的爸爸时，你会对他笑。"我轻轻地抚摸她的头发，她举起胳臂拥抱着我。"莉萨，我真的很高兴新规定行得通。"

"你怎么知道？"

"比如说，你们讲的故事比以前好得多，当然，我很难证明这一点。另外，还有一件很明显的事，那就是大家轮到的机会比较多，没有人被漏掉。另外，讲故事时，你们对别人也比较好，没有人会说谁不能演我的故事。"

后来，在开始表演当天的故事前，我再次说明我喜欢新规定的原因。然后我说出了最重要的论点:“我知道你们还是最喜欢自己能选择表演的人，但是如果我们要在学校停止排斥别人，我们就不能容许有排斥别人的行为。”

我虽然确定孩子们了解我的意思，但是我又补充说道:“你们真是很可爱的小朋友，现在说故事的人不再选人演戏，演戏的人也接受说故事的人所分配的角色。记不记得以前，你们不喜欢谁就不肯演他讲的故事。现在这些现象都不见了！”

当然，孩子们不像我和萨拉那么注意教室里的每一个变化。我对下学年才开始上课的小朋友，觉得有点儿抱歉。因为“不可以说:‘你不能玩！’”会成为理所当然的规定，而我也不可能再回到从前的样子。不过，最令人兴奋的是整个教室改变的过程。

然而，我猜想这种开放式接受别人的理念不可能永远被视为理所当然。事实上，它必须要在每一年通过每个新集体去重新发现。当然“不可以说:‘你不能玩！’”并不像“我说:‘你不能玩！’”那么明显地像条自然法则。

既然如此，我们就要做好与之相配合的工作，每一个年级都是如此，好让孩子们做好准备与处在他们中间的陌生人一起舒服地生活和工作。总有一天，我们的孩子自己也会变成处在别人中间的陌生人，我们要让他们知道与别人一起分享阳光是正当的权利。

比阿特丽克斯觉得雷蒙德和他父亲一直聊个不停，他们的问答声随着快速奔跑的马蹄声起起落落。比阿特丽克斯尽量保持安静，直到她听汤士官说要直接去找雷蒙德的母亲。那时，她觉得必须打断他们父子二人的谈话："汤士官，你难道不留下来看一看王子吗？"

汤士官说："那当然了！如果我没去感谢他和孩子们的话，我太太是不会原谅我的。还有，这些马儿也需要休息一下。我也得请求王子的许可，才能再使用这些马儿呢！"

喜鹊正好在码头等他们，"船快靠岸了！你听到铃声了吗？"他向靠近的船只尖叫了几声。

他们一上船，船长就跑过来对汤士官说："你就是他们要找的人吗？我记起来了。你两三年前还和我一起出海寻宝呢！”

汤士官紧紧地抓住了船长的手说：“那是四年前的事了！我去打仗的时候，我的孩子才六岁。战争持续得并不久，但是我在回家的路上发现了一张寻宝地图。那时候我一心想当个有钱人衣锦还乡。”他一只胳膊搂住雷蒙德，悲伤地说：“孩子，原谅我，你爸爸以前真笨。”

当他们快靠岸时，雷蒙德挥着手说：“你看，爸爸！你看！那是安娜贝拉和亚历山德拉为你做的！”岸上的女孩们拿着横布条，上面写着：“欢迎归来！汤士官！”

比阿特丽克斯喃喃地说：“喂！那我们呢？没人欢迎我们回来啊！”不久，她的埋怨就有了回音。卡里姆王子拿着一个招牌，上面写着：“恭喜你们！比阿特丽克斯,雷蒙德,喜鹊!"写字的油漆还湿着呢!"你看!王子还把我的名字写在第一个呢!"

喜鹊禁不住笑出来:"哎呀!比阿特丽克斯,你真滑稽,谁管那么多,你第一就第一,你的蓝莓树是整个救难过程中最重要的。"小魔女高兴地笑了起来。

突然,雷蒙德的父亲静静地注视着前面那些高大的松树。他压低了声音说:"可能吗?这可能吗?"他怀疑地看着海岸线和一排排的松树。船靠岸时,他转身向雷蒙德坚定地说:"我曾经来过这里。"在介绍过卡里姆王子和两位小公主之后,他讲了一个奇怪的故事。

"我曾经来过这个森林两次。当时并不知道它的名字。"汤士官对着那些目瞪口呆的听众说。随后,他坐在一块大石头上:"打完仗回来时,我发现在一个树洞里有一张卷起来的地图,我相信它会带给我一笔财富，因为这张图的旁边有一颗喜鹊的蛋。大家都知道，喜鹊会带来好运的。这颗小小的蛋孤零零地躺在半倒的巢里。我想是被大风刮倒的吧！鸟巢被吹坏了，母鸟也看不到，所以我没把它放回树上。既然喜鹊会带来好运，我就把蛋带在身边，想等小鸟孵出来。”

喜鹊开始在树枝上飞来飞去，振动着羽毛。每个人都抬头看着他。汤士官继续说：“我把鸟蛋小心地放在口袋里，然后就出发去寻宝。我的手还不时感觉到蛋里小鸟的转动，但我整个心思都在寻宝上。后来，我躺下来休息，鸟蛋就不见了，也许是从口袋里滚出去了。我到处去找，但是都找不到。我常常想那是我运气变坏的原因。”

喜鹊再也忍不住了。他发抖地说：“先生，我很荣幸地向你报告是你救了我。四年前，你把我丢失在了森林后，比阿特丽克斯救了我并且把我抚养长大。这是多大的巧合啊！"

王子一直很安静地听着这些故事。现在他高兴地说："喜鹊，你记得我遇到你的时候怎么说的吗？我相信这个世界上有一种奇妙的魔力。你被派去接我和我女儿来到高松国，然后挽救了橘花小矮人的生命。接着雷蒙德来了。也许他来这儿是为了梦到那座看不到的山。接着你和比阿特丽克斯救出汤士官，而刚好他是第一个发现你的人。"

王子把手放在汤士官的肩膀上说："每件事都让我很确定，一连串的事把我们结合在一起。我认为你和你的家人应该在这里定居。"

雷蒙德抱着父亲说："爸爸，好吗？妈妈会答应吗？"

汤士官笑着对儿子说："我们回去问问她。不过现在最重要的事是先让她把身体养好。"

"我赞成！"王子说，"这儿的空气很新鲜，会治愈一切疾病。如果你决定住在高松国的话，你们可以先和我住在一起。”雷蒙德和父亲互相对看一眼。他们知道不久就会再回到这里来。

我决定再去和三年级的学生们聊一聊，顺便去看看雪莉和约翰，这两个孩子以前总是遭到排挤。

“从我第一次来到现在，”我对全班的学生说，“大家有谁改变过想法吗？你们觉得新规定行得通吗？”

孩子们异口同声地说“没有”。“有的人觉得还可以，”一个男孩说，“可这个班不行。”

雪莉发言了：“我们正开始让情况变得好一点儿。”她本打算再说些什么，但犹豫了一下。

“你看到有变化是吗，雪莉？”我问道。

“这个规定只会被某些人接受，”雪莉身旁的一个女孩说，“大约有一半的人吧。可重点是，其余的人会害怕如果他们也和这些人一样，其他人就再也不喜欢他们了。”

"好吧。可哪一种想法更占优势呢？是接受还是不接受？是喜欢还是不喜欢？"

"'不喜欢'更强一些。"约翰说。但雪莉并不同意这样的说法。

"我觉得是'喜欢'。因为有一天，我们坐下来思考一会儿之后，最终决定以后每两个星期五就一起到操场上玩。任何人，无论是谁，都可以一起玩。"

当她说这番话时，我察觉到了某个重要的变化已经发生了。"雪莉，"我说，"你一直在说'我们'一起玩。'我们'。我记得你以前从没有说过这个词。"

雪莉看着我，瞪着大眼睛。我还没有带她穿过那片银海，可我知道，我们一定会到达彼岸的。

图书在版编目（CIP）数据

孩子国的新约 /（美）薇薇安·嘉辛·佩利著；
游淑芬译. — 昆明：晨光出版社，2018.3
ISBN 978-7-5414-9237-2

Ⅰ.①孩… Ⅱ.①薇… ②游… Ⅲ.①儿童心理学 Ⅳ.①B844.1

中国版本图书馆CIP数据核字（2017）第256967号

孩子国的新约

不可以说："你不能玩！"

〔美〕薇薇安 · 嘉辛 · 佩利 / 著　游淑芬 / 译

出 版 人 吉 彤

责任编辑 李晴川　沈伯杭
封面绘画 李雨桐（8 岁）
内文插画 毛予瞳（5 岁）

出　　版 云南出版集团 晨光出版社
地　　址 昆明市环城西路 609 号新闻出版大楼
邮　　编 650034
发行电话 （010）88356856 88356858
印　　刷 北京华联印刷有限公司
经　　销 各地新华书店
版　　次 2018 年 3 月第 1 版
印　　次 2018 年 3 月第 1 次印刷
开　　本 710mm × 1000mm 1/32
印　　张 6.5
字　　数 60 千字
I S B N 978-7-5414-9237-2
定　　价 32.00 元

退换声明：若有印刷质量问题，请及时和销售部门（010-88356856）联系退换。